ÉLECTROCULTURE

JUSTIN CHRISTOFLEAU

Collection *Électroculture*

– *Electroculture*, Justin Christofleau (1925)
 (éditions en français et en anglais)

– *Electroculture, the Application of Electricity to Seeds in Vegetable Growing*, Alexander Carr Bennett (1921)

– *Electricity in Agriculture and Horticulture*, Prof. Selim Lemström (1904)

– *Essais d'électroculture - Œuvres complètes*, Fernand Basty

– *De l'Influence de l'électricité sur les végétaux*, Frère Paulin (1892)

www.electroculture-books.com

Talma Studios
60, rue Alexandre-Dumas
75011 Paris – France
www.talmastudios.com
info@talmastudios.com

Image de couverture : © Jdazuelos | Dreamstime.com

ISBN: 979-10-96132-21-8
EAN: 9791096132218
© Tous droits réservés

ÉLECTROCULTURE

JUSTIN CHRISTOFLEAU

Membre de
**la Société des savants et inventeurs
de France**

1925

Traduit de l'anglais par
Marianna de Falco

Chevalier du Mérite agricole. Médaillé d'or de la Société d'encouragement pour l'industrie nationale. Membre de la Société des savants et inventeurs de France. Membre fondateur de la Société nationale d'agriculture. Membre de l'Association des fabricants et inventeurs de France.

Préface

C'est un honneur d'écrire la préface de la traduction originale d'*Électroculture*[1] de Justin Christofleau, car la version en anglais de ce livre a été pour moi l'une des plus grandes sources d'inspiration, voire la plus grande, dans le domaine de l'électroculture.

Justin Christofleau est d'ailleurs un pionnier à bien des égards : il a inventé, par exemple, le pétrin mécanique, qui sert à des milliers de boulangers.

Sa conception de l'électroculture ne se limite pas à l'usage actuel des notions d'« électricité » et de « magnétisme » : en effet, il parle de fluides magnétiques et énergétiques, dont on commence à peine à soupçonner l'existence dans le domaine scientifique. Ils sont, cependant, décrits dans de nombreuses cultures, légendes et savoirs ancestraux sous les noms d'« éther », « énergie », « chi », « prāṇa », « énergie vitale »...

---

1. *NdÉ* : il n'y a pas eu de version française de ce livre, seulement une brochure remise aux acheteurs du système commercialisé par Justin Christofleau. Nous avons donc réalisé cette traduction à partir du livre en anglais édité par Alex. Trouchet & Son, « représentants exclusifs pour l'Australie, la Nouvelle-Zélande, Java, les Établissements des Détroits, les États malais fédérés, le Siam, l'Inde, Ceylan, Sumatra, la Birmanie, Démérara et l'Afrique du Sud », ainsi que le précise leur documentation commerciale.

Je suis convaincu que les connaissances partagées dans ce livre peuvent révolutionner l'agriculture. Comme l'écrit Justin Christofleau dès la première page, ces techniques et connaissances permettent d'augmenter les récoltes et de réaliser d'importantes économies en matière de fertilisation et de protection des cultures.

De plus, elles s'inscrivent dans les préoccupations agricoles actuelles, c'est-à-dire utiliser des solutions durables et efficaces respectant la nature et notre santé, tout en diminuant les coûts de production. Elles datent toutefois des années vingt, et nécessitent donc d'être adaptées au monde d'aujourd'hui. Je m'y emploie d'ailleurs depuis plusieurs années.

Justin Christofleau fut un contemporain de Nikola Tesla, Arsène d'Arsonval et Georges Lakhovsky, des scientifiques indépendants qui m'ont aussi inspiré dans le domaine de l'électroculture. Comme lui, ces pionniers mériteraient plus de reconnaissance pour leurs recherches et découvertes. L'étude de leurs travaux permet de mieux comprendre et appréhender les techniques de J. Christofleau.

Il a d'ailleurs déposé un brevet le 28 avril 1938 qui présente de nombreuses similitudes avec les circuits oscillants décrits par Georges Lakhovsky. L'objet de cette invention, appelée « champ magnétique oscillant », consiste à capter les forces électromagnétiques de la nature pour augmenter la vitalité des organismes placés dans leur rayon d'action. Cette phrase résume bien son approche de l'électroculture, par laquelle il utilise les forces naturelles, contrairement à l'usage de l'électricité artificielle.

C'est à vous maintenant de découvrir l'œuvre de Justin Christofleau, grâce à ce livre passionnant par son contenu et les espoirs et bénéfices généreux qu'il peut engendrer pour tous. Je souhaite qu'il continue d'éveiller nos esprits curieux et créateurs d'un monde meilleur, plus sain et dans l'abondance Je vous en souhaite une découverte heureuse et profitable.

Yannick Van Doorne

Appel de M. J. Christofleau aux agriculteurs, viticulteurs et horticulteurs du monde

Phalange travailleuse, à laquelle j'ai l'honneur d'appartenir par naissance, je viens aujourd'hui à vous pour élever ma voix en faveur d'une merveilleuse invention qui deviendra, si vous me comprenez, l'un des grands facteurs de la résurrection et de la prospérité du monde entier, car elle signifie l'intensification de la production de la terre, l'augmentation des récoltes en des proportions considérables, la diminution au maximum possible du travail manuel relevant de l'agriculture, et l'économie d'immenses sommes d'argent qui sont actuellement dépensées pour les engrais, en les remplaçant par ce nouvel appareil dans lequel sont concentrées toutes les forces de la nature. C'est-à-dire : le magnétisme terrestre, les courants telluriques, l'électricité de l'air et celle produite par les nuages, le soleil, le vent, la pluie, et même par le gel, des forces qui sont captées et transformées en de l'énergie électrique par cet appareil qui les conduit dans le sol D'UNE FAÇON FAIBLE ET CONSTANTE, et qui le libère des microbes qui attaquent les graines et les plantes.

(Signé) J. Christofleau.

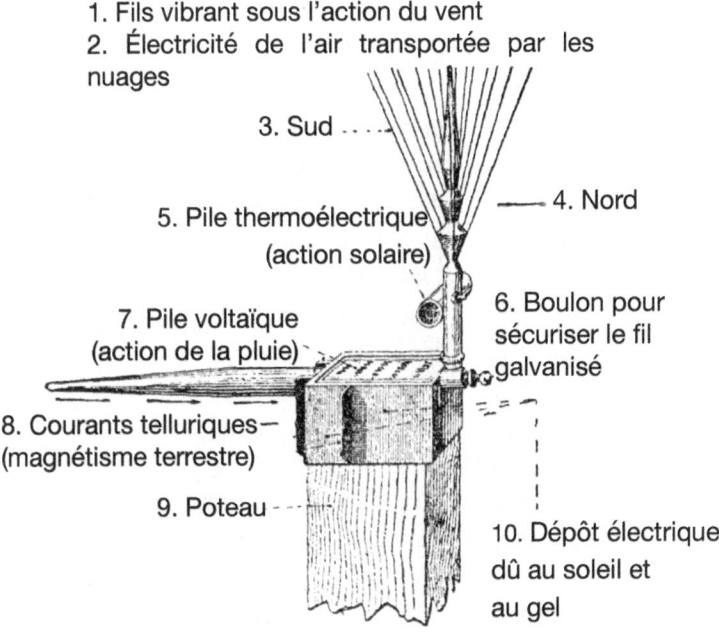

1. Fils vibrant sous l'action du vent
2. Électricité de l'air transportée par les nuages
3. Sud
4. Nord
5. Pile thermoélectrique (action solaire)
6. Boulon pour sécuriser le fil galvanisé
7. Pile voltaïque (action de la pluie)
8. Courants telluriques (magnétisme terrestre)
9. Poteau
10. Dépôt électrique dû au soleil et au gel

Électroculture

L'électroculture est une méthode qui utilise l'électricité atmosphérique pour fertiliser les végétaux, et qui, ces dernières années, s'est tellement développée qu'elle est aujourd'hui employée dans de nombreux pays du monde, à savoir, la France, l'Angleterre, le Canada, l'Allemagne, la Suisse, l'Italie, la Belgique, le Danemark, la Suède, etc.

Son succès est tel qu'il y a plus d'un million d'appareils utilisés dans ces pays, et son emploi s'étend à mesure que ses bénéfices se font connaître.

Le découvreur de ce procédé est un scientifique français de renom, M. J. Christofleau, qui a dévoué des années de recherches au développement et à l'application de ce procédé. L'appareil qu'il a finalement perfectionné et breveté partout dans le monde est le résultat de ses efforts.

Ce dispositif est représenté en page précédente.

Description

Le magnétisme terrestre et les courants telluriques.— L'appareil doit être fermement placé sur un poteau à au moins 6,25 m du sol, avec l'aiguille horizontale orientée vers le sud magnétique et l'aiguille perpendiculaire orientée vers le ciel.

1. L'électricité atmosphérique

Les courants qui composent l'atmosphère sont captés au moyen d'une aiguille perpendiculaire et les antennes de l'appareil, qui servent de conducteurs, au moyen desquels l'électricité atmosphérique positive est transmise aux courants négatifs de la terre.

L'aiguille horizontale, qui est orientée vers le sud, capte le magnétisme terrestre et les courants telluriques qui entourent l'appareil.

2. L'action solaire

Sur l'intérieur de l'enveloppe de l'appareil, il y a des bossages, et, sur l'extérieur, des ailettes qui correspondent avec les parties les plus fines de l'enveloppe. Quand l'appareil est en place sur le poteau, avec l'aiguille orientée vers le sud, le soleil levant frappe naturellement la face orientale de l'appareil. Les ailettes sur l'extérieur de l'enveloppe servent à dévier les rayons du soleil de la partie fine de l'enveloppe vers les bossages épais. Ces ailettes, étant également exposées au vent, refroidissent la partie de l'enveloppe à laquelle elles sont attachées. La différence de température qui en résulte entraîne un « dépôt » électrique, ou une provision, à cause des particules métalliques. La même action se produit plus tard dans l'après-midi sur la troisième facette, ou face ouest, de l'appareil ; ainsi, PENDANT TOUTE LA JOURNÉE LE SOLEIL CRÉE UN DÉPÔT ÉLECTRIQUE DANS TOUT L'APPAREIL.

Pile thermique.— Attaché à la partie basse de la tige se trouve un tube, qui consiste en deux pièces de métal, une en cuivre et l'autre en zinc, réunies par deux soudures, et connectées à la tige principale de façon à ce que l'une des soudures soit exposée à la chaleur du soleil, et que l'autre, se trouvant en-dessous, soit abritée des rayons. Ceci crée ou génère un courant électrique allant du cuivre vers le zinc, c'est-à-dire un courant négatif et positif qui, à partir de là, est transmis à la partie de l'appareil à laquelle le zinc est attaché.

L'ensemble devient une réserve thermoélectrique, et est alimenté par l'action des rayons solaires et par le contact entre le zinc et le cuivre.

Les effets du froid et du gel.— Le froid et le gel créent tout deux de l'électricité à cause de la différence de température transmise aux parois, ou à l'enveloppe de l'appareil de la même façon qu'il a été expliqué dans le paragraphe n° 2 (page 11), intitulé « L'action solaire ».

L'effet du vent.— Lorsqu'il souffle à travers les antennes, le vent les fait vibrer et capter l'électricité positive dont l'air est chargé.

L'effet de la pluie.— Sur le dessus de l'appareil se trouve une soucoupe en zinc sur laquelle une plaque en cuivre est rivetée ; le simple contact de ces deux métaux est suffisant en soi pour créer un « dépôt » électrique, ou une provision. De plus, la soucoupe sert de récipient pour la buée causée soit par l'humidité de l'atmosphère, soit par la pluie ou le gel, ou encore la rosée.

Cette action sur la soucoupe en zinc et en cuivre la transforme en une pile voltaïque. L'appareil, lui-même métallique et placé sur un grand poteau, est froid et sert naturellement à puiser l'humidité de l'atmosphère. Toute cette énergie électrique réunie par l'appareil correspond à l'électricité positive de l'atmosphère qui est distribuée au sol par le fil galvanisé.

Le fil galvanisé dans le sol est dirigé en ligne droite vers le nord magnétique quelle que soit la distance requise. Il sert à capter les courants magnétiques terrestres. C'est la combinaison de l'électricité positive de l'atmosphère et de l'électricité négative de la terre qui entraîne le flux et le reflux continuel de l'électricité naturelle dans le sol. Ce courant détruit tous les insectes et parasites qui attaquent les végétaux par le fait que les vibrations occasionnées sont proportionnellement plus importantes que les propres vibrations des insectes.

Les transformations chimiques ainsi créées donneront à la végétation les fertilisants et produits azotés nécessaires à la nutrition et au développement des végétaux.

Notes de M. Justin Christofleau

Aussi loin que 1749, l'abbé Nollet, qui semble être le premier scientifique à avoir remarqué les effets de l'électricité sur la végétation, a annoncé que l'électricité contribuait à l'ÉVAPORATION DU SOL, facilitait la germination des graines, et augmentait la vitesse d'ascension de la sève dans les plantes.

En 1783, l'abbé Bertholon, non seulement fit connaître le rôle de l'électricité atmosphérique sur les végétaux dans l'un des ses travaux, mais aussi le mit en pratique à l'aide de « l'électro-végétomètre », appareil de son invention.

Bien plus tard, un scientifique russe, Spechnoff, perfectionna l'électro-végétomètre inventé par l'abbé Bertholon, et remarqua une surproduction de 62 % pour l'avoine, 56 % pour le blé, et 34 % pour le lin. M. Spechnoff, de plus, a découvert que la composition du sol est modifiée par l'action des courants.

Vers la fin du siècle dernier, le frère Paulin[2], directeur de l'Institut agronomique de Beauvais, inventa un nouvel appareil, le « géomagnétifère », qui donna d'excellents résultats, en particulier pour le raisin, qui était plus riche en sucre et en alcool, et la maturité était accélérée et plus régulière.

Toutes les expériences menées par les scientifiques jusqu'à ce jour ont montré que les terres qui avaient été soumises à l'électricité avaient donné des récoltes supérieures d'un tiers, doublées ou même triplées, selon l'efficacité de l'appareil et l'attention accordée à son installation, et, de plus, que les récoltes avaient été préservées des microbes, des parasites et des maladies épidémiques qui causent la ruine des agriculteurs, ces microbes, etc., étant détruit par l'électricité.

Afin de ne pas être accusé de n'évoquer que des témoignages de scientifiques morts depuis longtemps, c'est un plaisir pour moi de consigner le témoignage irréfutable d'expériences faites à l'aide de mon appareil par un certain nombre de personnes honorables, qui sont encore en vie, qui peuvent être interrogées, et dont les expériences ont été, dans certains cas, certifiées par un représentant de la municipalité.

J. C.

---

2. Son livre, *De l'Influence de l'électricité sur les végétaux*, est disponible dans la collection *Électroculture* de Talma Studios.

Instructions d'installation

1. Fixez fermement l'appareil en haut d'un poteau de 7.50 m de haut, calez-le à l'aide d'une cheville en bois dans le trou de la face ouest de l'appareil.

2. Enterrez le poteau à 1,50 m de profondeur, orientez l'aiguille vers le sud (magnétique) et la tête de l'appareil vers le nord magnétique. C'est absolument essentiel, car le fonctionnement de l'appareil dépend entièrement de cela (cf. page 19).

3. Bitumez le haut du poteau inséré dans l'appareil, ainsi que sa base enterrée.

4. Attachez le fil galvanisé souple de calibre 12 au boulon situé entre la rondelle et l'appareil par une boucle simple et enroulez fermement l'extrémité de ce fil souple autour du fil principal descendant le long du poteau sur 15 cm ; ensuite, soudez ce bout pour bien les connecter (cf. fig. D, page 19).

5. Isolez le fil principal avec quatre isolateurs sphériques en porcelaine le long du poteau, en faisant attention à ce que le fil soit toujours tendu (cf. fig. A et B, page 19).

6. Utilisez trois haubans pour éviter que le poteau ne balance sous l'influence d'un vent puissant.

7. Enterrez le fil à 25 cm de profondeur dans un sillon droit, allant en ligne droite depuis le poteau en direction du nord magnétique jusqu'à l'extrémité du terrain qui doit être électrisé. Dans les cas où le

sol doit être labouré, le fil est à enterrer à au moins 10 cm de plus que la profondeur du sillon de la charrue (cf. page 19).

8. Utilisez un isolateur double, similaire à ceux utilisés pour les antennes sans fil, à la base du poteau sous terre, où le principal fil fait un angle droit le long du sillon. Le fil est enfilé dans l'isolateur, qui est attaché à la base du poteau par trois brins de fil très résistant. Après que le principal fil a été correctement disposé et fixé à chacune des extrémités, c'est-à-dire au boulon de l'appareil et à la cheville de l'extrémité nord du champ, les brins de fil qui maintiennent l'isolateur à la base du poteau sont alors entortillés, aussi raides que possible, rendant ainsi le fil principal bien tendu dans le sillon et le long du poteau (cf. page 19).

9. L'extrémité sectionnée du fil, au niveau de la limite nord, est enroulée autour d'une cheville plantée dans le sol et l'extrémité du fil vient s'entortiller autour du fil principal sur 15 cm, et y est ensuite soudée (cf. fig. C, page 19).

10. Lorsque vous déterminez la direction correcte que doit prendre le sillon à l'aide d'une boussole, celle-ci doit être posée sur un morceau de bois sec, et jamais directement sur le sol, ni près de quoi que ce soit en métal, car les courants de la terre et le fer l'influenceraient.

11. Le bon fonctionnement de l'appareil dépend entièrement de l'orientation précise de l'aiguille de

l'appareil, en direction du sud magnétique, et du fil souterrain, dirigé vers le nord magnétique.

12. Il est nécessaire d'utiliser du bois sec pour le poteau sur lequel l'appareil est fixé, car du bois vert pourrait se voiler et risquerait donc de dérégler l'orientation de l'appareil.

13. Il est recommandé de revérifier l'orientation de l'aiguille de temps en temps, au cas où le poteau vrillerait. Une bonne méthode pour le faire consiste à lui enfoncer deux chevilles en bois espacées d'environ 1,50 m et alignées directement sous l'aiguille ; les différents points sont ainsi bien alignés. Il est ensuite facile de vérifier l'orientation de l'aiguille en regardant vers le haut, depuis la cheville du bas jusqu'à l'aiguille en haut, pour vérifier si les trois sont toujours bien alignées ; si ce n'est pas le cas, il faut réorienter l'appareil à l'aide d'une bonne boussole.

14. Il faut faire attention à bien enlever toutes les racines ou pierres qui se trouvent à l'intérieur du sillon.

15. Le fil ne doit pas être enroulé autour des isolateurs sur le poteau mais passer sur le côté et être fixé à l'isolateur par un bout de fil de ligature de petit calibre (cf. fig. B, page 19).

ÉLECTROCULTURE

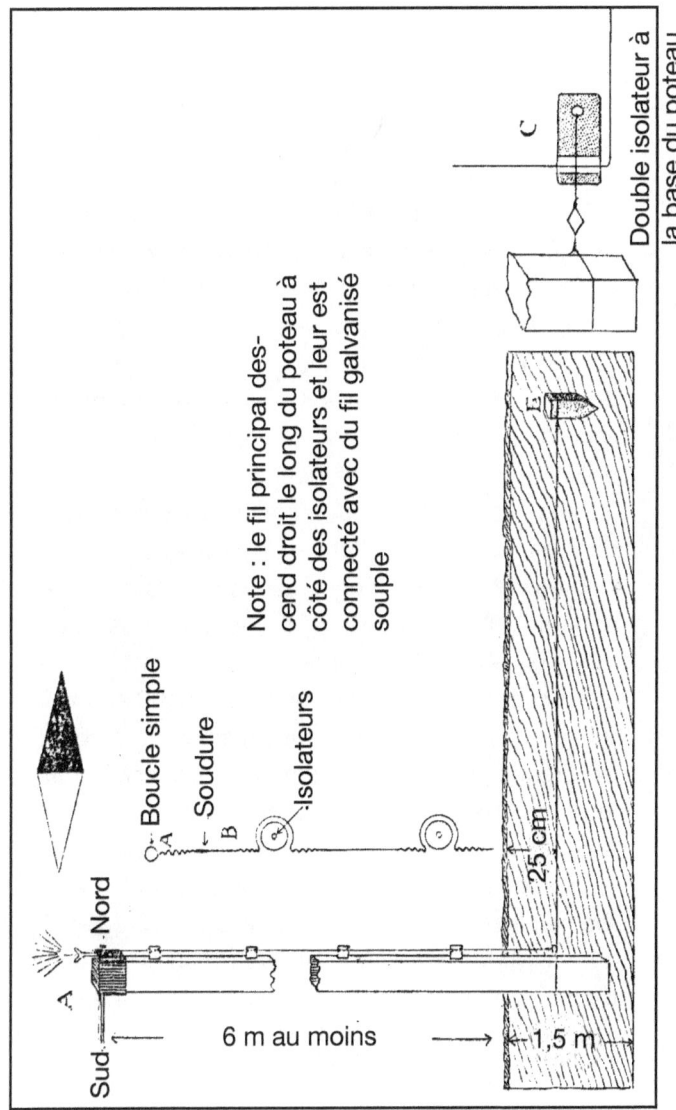

Mise en place pour des vignes sur treillis

L'électrisation des vignes qui sont sur des treillis en métal est simple et grandement facilitée par les fils qui sont eux-mêmes chargés d'électricité.

Comme l'appareil influence une bande de terrain de 4,20 m de large, si les rangées de vignes sont espacées de 4,20 m ou moins, il est conseillé de placer le poteau sur lequel se trouve l'appareil à l'extrémité sud, à égale distance des rangées, et de faire passer le fil dans un sillon qui s'étend en ligne droite parmi les rangées depuis l'appareil en direction du nord magnétique.

Dans les cas où les rangées sont espacées de plus de 4,20 m, l'appareil peut être placé à l'extrémité sud de chaque rangée, et le fil placé dans un sillon en direction du nord à moins d'un mètre de la base des vignes.

Pour une autre méthode d'installation de l'appareil à une rangée de vignes (cf. schéma page à côté). Le fil principal de l'appareil peut être attaché au fil le plus élevé du treillis, à condition que le fil soit adapté, c'est-à-dire du fil de fer galvanisé, fin et souple, de calibre 12 ou 12,5 avec des tendeurs de même calibre attachés (cf. schéma page à côté).

Le fil de tension doit dépasser de 40 cm le haut du treillis et se diriger perpendiculairement dans le sol, à une profondeur de 45 cm.

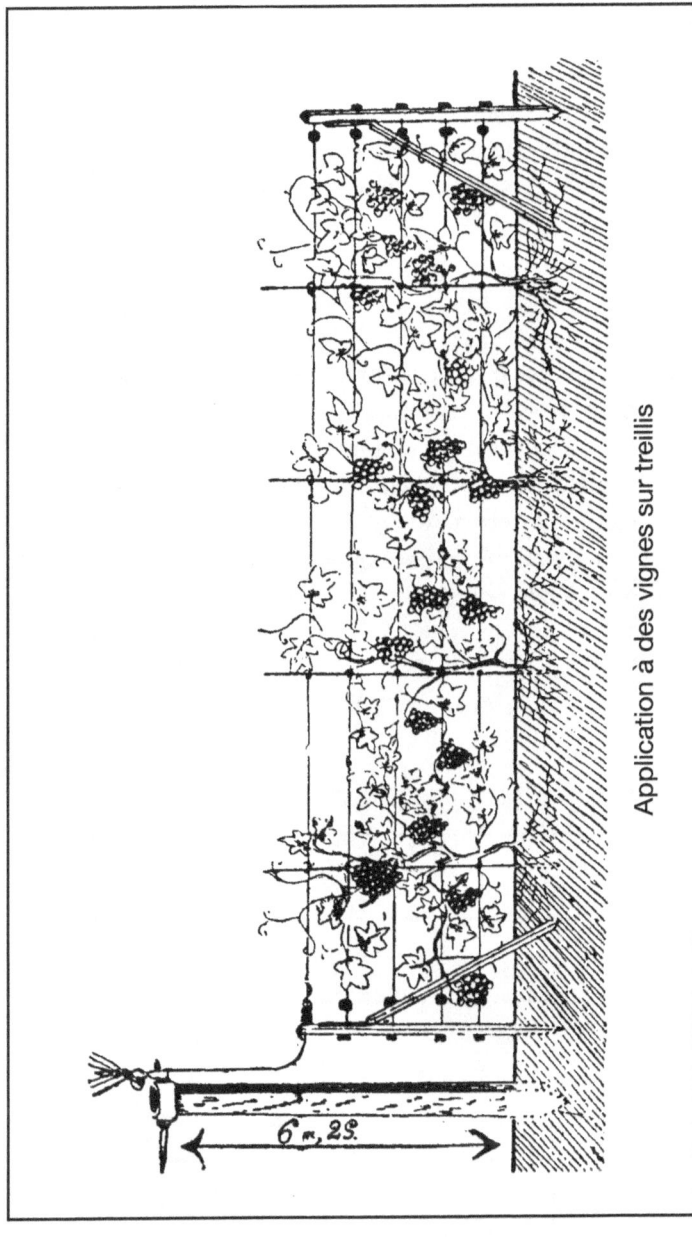

Application à des vignes sur treillis

Des deux méthodes, la première est la plus recommandée. Dans les deux cas, il est essentiel, bien sûr, que les rangées de vignes soient orientées dans l'axe sud-nord (magnétiques).

Note

Comme l'électricité porte bien au-delà de l'endroit où le fil a été sectionné, et afin d'empêcher que cette fuite aille dans un champ voisin, un barrage peut facilement être installé en enterrant une cheville à chaque extrémité et en fixant le même calibre de fil à la même profondeur que le fil principal, à 1,80 m de la limite nord.

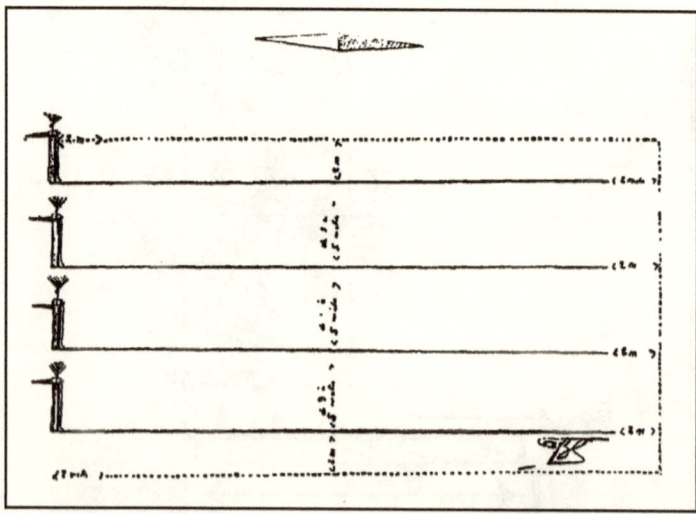

Pour des vignes plantées d'est en ouest

Érigez des poteaux de 6,25 m de hauteur afin de porter l'appareil jusqu'à la limite sud du vignoble ; les poteaux doivent être espacés de 4,20 m, avec un poteau de tension de 2,40 m de haut à l'opposé de chaque appareil, du côté nord du champ.

Connectez les fils de fer galvanisé fins et souples de calibre 12 ou 12,5 à l'appareil en l'isolant le long du poteau sur 4 m ; connectez ensuite le fil qui passe au-dessus de chaque treillis, en utilisant des isolateurs, avec le poteau de tension de la partie nord, pour être connecté au tendeur de même calibre, mais les tendeurs doivent dépasser de 40 cm le fil antenne, et être enterrés à 45 cm de profondeur (voir le schéma page 76).

L'effet de l'appareil sur les vignes, mise à part la destruction des insectes, parasites, etc., du simple fait que les vibrations induites dans le sol sont supérieures à celles des insectes, est de créer une matière fertilisante et les produits azotés qui donnent à chaque vigne une force prodigieuse, leur permettant de résister efficacement au mildiou et à l'oïdium. Les trois premières années, la pulvérisation et le soufrage des vignes peuvent être grandement diminués, puis totalement arrêtés au bout de cinq ans.

Les vignes électrisées vont augmenter les récoltes dans une proportion considérable, et les raisins eux-mêmes seront plus riches en sucre et en alcool, les rendant plus adaptés à l'exportation.

Mise en place pour une rangée d'arbres

Lorsque l'on souhaite électriser une rangée d'arbres, quelle que soit sa longueur à condition qu'elle s'étende sur un axe nord-sud, l'appareil doit être placé sur un poteau à 6,25 m du sol, à l'extrémité sud de la rangée. Et, comme pour les vignes, si les rangées d'arbres sont espacées de 4,20 m ou moins, le poteau supportant l'appareil doit être placé du côté sud à égale distance entre les rangées ; et le fil doit s'étendre entre elles dans un sillon se dirigeant en ligne droite jusqu'à la limite nord. Si les rangées sont espacées de plus de 4,20 m, le poteau avec l'appareil doit être placé près de la tête de la rangée, et le fil doit s'étendre dans un sillon en ligne droite vers le nord, passant à moins d'un mètre de la base des arbres.

Les arbres traités ainsi seront plus vigoureux et pousseront plus vite, les fruits produits seront plus gros, plus sucrés et mûriront deux semaines en avance par rapport aux arbres non-électrisés. Les fruits contiendront aussi plus d'alcool et se conserveront mieux, ils seront ainsi plus adaptés à l'exportation. Les céréales contiendront plus de glucides.

Mise en place pour un arbre isolé

Il est facile d'électriser un seul arbre. L'appareil doit être placé dans un rayon de 90 cm autour de l'arbre, l'arbre se situant au nord de l'appareil. Le fil galvanisé est enterré à 40 cm au pied de l'arbre, et quelques seaux d'eau (de préférence de l'eau de pluie) sont jetés à l'endroit où le fil est enterré. Après quelques mois, l'arbre acquerra une nouvelle vigueur et, s'il souffrait, développera de nouvelles pousses tandis que son état s'améliorera rapidement.

Électroculture

par George Blanchard

Discussion scientifique

L'oubli d'une correction dans le texte d'un article me fait dire que l'électricité tua « TOUS » les parasites dans le sol. Ce terme « TOUS » est trompeur, au moins en ce qui concerne l'électricité à basse tension, comme celle fournie par l'appareil de Christofleau, car des courants capables de tuer tous les parasites détruiraient également la végétation.

L'électricité atmosphérique, comme tous les courants à faible intensité, détruit les maladies cryptogamiques des végétaux, ce qui est déjà un excellent point. Les courants de 110 et 220 volts sont plus mortels pour les parasites des plantes que les courants à basse tension, mais ils NE SONT PAS inoffensifs pour la plante elle-même.

Si un courant de 110 volts est transmis au sol plusieurs heures par jour, il peut, comme l'a présenté M. Breton, exercer une influence légèrement favorable sur les végétaux, mais le Pr Kovessi, un Hongrois, montra en 1912 que le même courant transmis CONTINUELLEMENT était complètement destructeur pour les végétaux, qu'il éradiqua totalement.

J'ai volontairement ignoré toutes les autres méthodes pour appliquer l'électricité à la culture (c'est-à-dire les courants à induction, la lumière électrique à haute fréquence, les rayons ultra violets, etc.). Elles sont toutes mentionnées dans les comptes-rendus du Premier Congrès d'électroculture qui s'est tenu à Reims en 1912, sous la présidence du professeur Armand Gauthier. D'après moi, elles ont certainement toutes une valeur expérimentale, mais elles sont moins intéressantes que la méthode dont je vais parler.

Des preuves sont avancées chaque jour en faveur de cette théorie qui est LA SEULE MÉTHODE RATIONNELLE pour appliquer l'électricité à la vie et aux maladies des plantes, des humains et des animaux, et cette formule va servir à l'ensemble de l'électrothérapie et de l'électroculture, c'est-à-dire, LE FLUX CONTINU D'UN COURANT À BASSE TENSION.

Les travaux scientifiques récents d'A. Lumière nous parlent de liquide organique composé de celluloïds dont les grains, qu'il appelle « micelles » ou « granules électriques », sont chargées d'électricité contraire à l'intérieur et à l'extérieur.

Cependant, nous regardons ce monde d'infiniment « petits » animé par un mouvement continu dû à l'attraction des pôles opposés, et à la répulsion des pôles identiques. Nous nous voyons alors forcés, allant de déduction en déduction, d'envisager le fluide électrique comme le véritable fluide vital qui régule la circulation de la sève, similaire à celle du sang, et qui exécute cette tâche d'échange en favorisant tous les échanges et l'élaboration des produits indispensables au maintien de la vie.

Bien qu'elles soient dans le domaine de l'hypothèse, il est bon de méditer sur les théories de Chardin et Lumière, car elles ne sont contraires à aucun principe scientifique, et personne, jusqu'à présent, n'a douté d'elles.

L'électricité est si faible qu'elle échappe presque à nos recherches. Chardin conclut aisément qu'il est ridicule de la renforcer avec des courants puissants.

S'il est admis que l'électricité a permis des guérisons d'êtres humains par suggestion, on ne peut pas en dire autant concernant un animal ou une plante.

J'étais donc déjà au courant de cette méthode et convaincu des effets négatifs et de l'inutilité des COURANTS QUI DONNENT DES DÉCHARGES quand, par hasard, je me suis familiarisé avec le procédé d'électroculture tel que M. Christofleau le pratique.

J'ai tout de suite été attiré par la façon dont l'électricité agissait sur la végétation, montrant ainsi la plus belle analogie avec son action sur les êtres humains et sur les animaux ; analogie entre le faible courant appliqué en PUÉRICULTURE et le faible courant appliqué en agriculture ; analogie entre l'action thérapeutique humaine et vétérinaire, et la guérison des maladies des plantes ; analogie entre l'action mortelle des courants électriques intenses sur les êtres humains et sur les animaux, et l'action non moins mortelle de ces courants sur les végétaux.

J'aurais donc manqué de curiosité si je n'avais pas étudié l'électroculture par comparaison, car elle se rapproche tellement de l'électrothérapie que j'ai pratiquée.

C'est ainsi que je devins, alors, un fervent disciple de l'électroculture. Ce n'est pas par candeur que je devins un apôtre de la méthode Christofleau, et mes convictions reposent sur des expériences personnelles.

L'abbé Nollet, secrétaire de l'Académie des sciences, Bertholon, Paulin, Spechnoff, Becquorel et le grand Marcelin Berthelot n'étaient pas des illuminés. Les deux derniers mentionnés n'ont-ils pas démontré l'INDÉNIABLE INFLUENCE DE L'ÉLECTRICITÉ SUR LA FIXATION DE L'AZOTE PAR LE SOL ET LES PLANTES ? N'est-il pas déjà connu que la nitrification du sol est produite sous l'influence du courant, DONNANT NAISSANCE AUX NITRATES ET AUX CYANAMIDES D'HYDROGÈNE, qui sont d'excellents éléments azotés fertilisants ?

Plants de tomates cultivés avec
le procédé d'électroculture.

Quand une plante est soumise au noir absolu, non seulement elle ne se développe pas, mais elle mourra rapidement, tandis que, si un faible courant électrique est transmis dans le vase qui la contient, la plante non seulement se développe, mais aussi atteint la fructification parfaite. Afin d'expliquer ce fait, M. Basty déclara au Congrès de Reims que, dans ce cas, le courant artificiel a remplacé L'ÉLECTRICITÉ SOLAIRE, QUI EST INDISPENSABLE À LA VÉGÉTATION.

ON TROUVE DANS LES PARCELLES DE TERRE ÉLECTRISÉES UN TAUX D'HUMIDITÉ DOUBLE PAR RAPPORT AUX PARCELLES TÉMOINS, ET CELA S'EXPLIQUE PAR LA LIBÉRATION DE MOLÉCULES D'EAU CAUSÉE PAR LA RÉACTION CHIMIQUE D'ÉLECTROLYSE, COMME DÉMONTRÉ PAR L'INCONSTESTABLE SUPÉRIORITÉ DE L'ÉLECTROCULTURE SUR LES ENGRAIS CHIMIQUES EN PÉRIODE DE SÉCHERESSE.

Les affirmations scientifiques ci-dessus ne peuvent intéresser les agriculteurs qu'en leur montrant les résultats pratiques obtenus.

Je ne me référerai pas aux expériences conduites à Metz par le gouvernement français, car les résultats de ces expériences ont été communiqués à l'inventeur lui-même et non pas à moi. Je pourrais aussi parler des formidables résultats obtenus en Belgique dans les cultures de betteraves, appuyés par une analyse chimique, et aussi des résultats qui m'ont été transmis par la Société d'électroculture de Suisse, ainsi que des résultats obtenus à l'étranger. Tous ces résultats seront publiés plus tard. Pour l'instant, mes lecteurs auraient raison d'argumenter que ces pays sont loin de chez nous, il est donc difficile de contrôler ces expériences. Parlons alors uniquement des expériences françaises. Nous devons expliquer aux sceptiques et aux incrédules que pendant deux années successives, un cultivateur a été capable de faire pousser deux belles cultures de betteraves, et l'on sait combien la betterave draine le sol, à tel point que les cultures se font souvent sur une même parcelle, mais TOUS LES TROIS ANS.

Un de mes correspondants, M. Fernand Frison, habitant au 56 rue d'Awoingt à Cambrai, m'a raconté un fait encore plus extraordinaire : « Un champ de seigle a été coupé lorsqu'il faisait une hauteur de 56 cm pour être donné au bétail : le seigle a repoussé et avait de beaux épis. La deuxième fois qu'il fut coupé, j'ai remarqué que certaines pousses atteignaient 1,36 m. Les tiges et les épis de cette deuxième récolte étaient plus beaux que ceux des champs voisins n'ayant pas été coupés quand ils étaient verts. » Veuillez noter que, normalement, on ne coupe jamais une récolte de seigle deux fois.

Le 16 août 1925, j'ai donné une conférence lors du comice agricole de l'Isle-sur-le-Doubs, à laquelle assistèrent les professeurs d'agriculture de la région. Pendant ma conférence, j'ai cité les résultats suivants qui ont été obtenus dans un endroit appelé « Croix de Mission », sur un lopin de terre électrisé. L'avoine cultivée à cet endroit a poussé à une hauteur moyenne de 1,20 m et avait cinquante-quatre grains à l'épi. Sur le lopin témoin qui n'était pas électrisé, la hauteur moyenne de l'avoine était de 80 cm, et les épis contenaient seulement vingt-neuf grains.

Il faut ajouter que les récoltes d'avoine de cette année-là étaient moins bonnes, et les agriculteurs présents admirèrent les résultats de la culture qui avait été électrisée, en rendant hommage aux faits.

Une bordure de persil

Application de l'électricité à la vie des plantes

par M. G. Blanchard

L'électroculture a pour but de faire connaître aux travailleurs du sol quelques-unes des forces de la nature qu'ils peuvent utiliser.

Un inventeur français, M. Christofleau, vient de prouver qu'il n'est nullement besoin d'engrais pour fertiliser le sol et que la nature, la nature seule, est assez riche pour nourrir les végétaux. Les rayons du soleil, la pluie, l'azote de l'air, l'électricité atmosphérique transportée par les nuages, tous ces éléments peuvent être utilisés à la place des engrais.

Si l'engrais est utilisé pour augmenter la pousse, il ne faut pas supposer que les produits chimiques ont une influence directe sur la végétation. Les faits sont les suivants : tous les corps chimiques, qui se décomposent, émettent un courant électrique, et c'est ce courant électrique, qui est dû à la décomposition des engrais dans le sol, qui donne à la végétation le fluide nécessaire au développement intense de la plante.

Les éléments de l'atmosphère apportent bien plus de nourriture aux plantes que le sol lui-même et renforcent notre affirmation que, si les fertilisants chimiques intensifient la production, c'est parce que leur décomposition dans le sol PRODUIT UN COURANT ÉLECTRIQUE QUI RENFORCE CELUI DE L'ATMOSPHÈRE.

La captation de l'électricité atmosphérique au profit de la culture est donc une invention de la plus grande importance, et seuls les sceptiques refuseront d'utiliser cette force naturelle qui ne coûte rien.

Pour intensifier les récoltes, il ne faut pas attendre que les forces de la nature viennent toutes seules fertiliser le sol : il faut les capter, les canaliser et les diriger à l'endroit où elles sont nécessaires ; c'est ce à quoi sert l'appareil de M. Christofleau. Les résultats de l'électrisation des récoltes sont appréciables :

1. Dans un champ ni fumé ni irrigué mais influencé par les appareils de M. Christofleau, du foin de 1,70 m de hauteur fut récolté. Dans un autre, le foin atteint 2,15 m, et était d'excellente qualité.

2. Du trèfle, dans les mêmes conditions, atteint 1,60 m.

3. Des pommes de terre furent cultivées dans les mêmes conditions, les tiges atteignirent 1,90 m, chaque pied portait trente à trente-cinq tubercules dont le poids variait de 500 grammes à 1 kilo et dont la qualité était exceptionnelle.

4. Des pieds de vigne complètement phylloxérés furent guéris et régénérés à tel point qu'après trois ans de traitement avec l'appareil, ils furent chargés de nombreuses et énormes grappes de raisin très sucré (nous pouvons ajouter que tous les raisins cultivés à l'aide de l'électroculture sont bien plus sucrés et ont une saveur plus riche, en plus d'être plus riches en alcool).

5. Des carottes atteignirent une longueur de 48 cm, et des betteraves 46 cm de longueur et presque 43 cm de circonférence. Il en fut proportionnellement de même pour les tomates, les haricots, les asperges, les artichauts et le céleri.

6. En ce qui concerne les arbres fruitiers, les résultats sont véritablement extraordinaires : un vieux poirier, tellement vieux que l'écorce en était presque partie et qu'il donnait à peine quelques feuilles, redevint chargé de fruits sous l'influence de l'électroculture, certaines poires pesant jusqu'à 1,2 kilo.

Ce ne sont que quelques exemples qui montrent ce que l'on peut obtenir sans même utiliser des engrais.

Les appareils Christofleau ne se contentent pas de capter l'électricité de l'air, ils réalisent une association de l'électricité positive de l'atmosphère avec le magnétisme terrestre, les courants telluriques.

La chaleur du soleil, la pluie, le vent et même la gelée viennent ensemble, à tour de rôle, déterminer dans l'appareil un travail qui se transforme en énergie électrique. Toutes ces actions combinées produisent dans les plantes une énergie vitale extraordinaire. Cet appareil, qui crée sa propre électricité sans aucun coût, durera toute une vie.

Bien avant M. Christofleau, des tentatives de ce genre avaient été réalisées, mais les appareils étaient très imparfaits et le prix trop élevé pour une mise en pratique.

L'appareil de M. Christofleau consiste en une masse magnétique que l'on pose sur un poteau, la pointe effilée tournée vers le sud et la tête tournée au nord. La pointe capte le magnétisme terrestre, les courants telluriques, tandis que l'électricité de l'air est captée par les antennes qui surmontent l'appareil et sont tournées vers le ciel. Par un dispositif de bossages et d'ailettes, le soleil, le froid, la gelée, le vent et la pluie viennent apporter leur contingent de force électrique, qui est distribuée à la terre par un fil de fer galvanisé.

Les nombreux parasites qui attaquent les plantes sont détruits et les effets bénéfiques de l'électricité, qui se déplace toujours du sud vers nord, concourent aux transformations chimiques qui donnent aux végétaux les éléments nécessaires à leur nourriture et à leur développement.

Une fois que l'appareil est en place, il n'y a plus à

s'en occuper, et il reste là indéfiniment, la dépense étant effectuée définitivement. Le coût de l'engrais est minimisé, car le sol le contient. Les résultats iront en s'accentuant, c'est-à-dire que la deuxième année et les suivantes seront encore meilleures.

Les épis des récoltes seront plus larges et plus pleins, les feuilles des légumes, des arbres fruitiers, des vignes et des autres végétaux commenceront à être plus épaisses, plus larges et plus vertes, les fruits seront plus gros et plus nombreux, les légumes, comme les pommes de terre, les tomates, les haricots, etc., seront beaucoup plus gros et plus abondants.

Mais ce n'est que le premier résultat, qui s'accentue jusqu'à la cinquième ou sixième année, quand le sol, qui est alors plus riche, engendre une végétation plus constante, plus abondante et plus riche en éléments utiles, tels que l'amidon, le sucre et l'alcool. Les fruits sont plus sucrés et leur saveur est plus prononcée. Il ne peut jamais y avoir d'échec, du moment que l'appareil est correctement orienté dans la direction sud-nord indiquée sur une boussole.

Nous espérons surmonter le scepticisme et les préjugés que les cultivateurs montrent souvent face aux nouveaux procédés scientifiques, et nous ne nous attendons pas à beaucoup de difficultés à leur démontrer les nombreux avantages de la découverte de M. Christofleau. Pour les cultivateurs incrédules et indécis, nous leur assurons que même un petit essai les convaincra de l'extraordinaire intérêt des faibles courants atmosphériques et magnétiques pour la végétation.

Nous leur demandons simplement de réaliser un essai avec deux à six appareils sur leurs terres, en faisant attention à effectuer la comparaison au sein de l'aire d'influence de l'appareil, c'est-à-dire le long du fil enterré. Le résultat de la première année prouvera clairement et efficacement l'intérêt de la méthode, et la hausse du rendement compensera largement la dépense pour l'essai. L'année suivante, satisfaits des merveilleux résultats, les expérimentateurs deviendront entièrement convaincus de l'efficacité de l'invention.

L'électricité atmosphérique captée par l'appareil de Christofleau s'accumule dans le sol jusqu'à saturation. La première année, la surproduction compense largement, comme nous l'avons déjà indiqué, le coût de l'installation, et cette augmentation croît d'année en année jusqu'à la cinquième ou sixième année. À partir de ce moment, les récoltes, etc., resteront stationnaires et d'une régularité constante concernant l'abondance et la qualité exceptionnelle. Le sol aura atteint sa capacité de production maximale, et conservera cet état. Ils offrent un rendement très élevé, souvent jusqu'à 100 % ou plus, en comparaison avec les cultures cultivées à l'aide d'engrais artificiels.

Les ravages de la sécheresse sont fortement atténués, et nous allons expliquer quelle en est la raison : comme l'eau ou la pluie sont nécessaires pour que les fertilisants se décomposent dans le sol, pour ainsi fournir le courant nécessaire à la vitalité des plantes, l'appareil Christofleau fournit ce courant doucement, mais continuellement ; il remplace donc la pluie, tout comme les fertilisants. De même, la végétation poussant dans un sol électromagnétique est immunisée contre la putréfaction due aux pluies fortes, car les bactéries de putréfaction ne peuvent pas se développer lorsqu'elles sont en contact avec des courants électriques (N.B. : Ceci devrait éliminer complètement la « rouille »).

Nous avons remarqué que les récoltes influencées résistent beaucoup mieux aux effets du gel. La preuve de l'accumulation de l'électricité dans le sol m'a été signalée par un électricien réputé qui, après avoir lu mes articles sur l'électroculture, a appliqué des courants électriques de faible intensité sur un aspidistra malade à l'aide d'un faible courant électrique de quelques milliampères dans le sol où se trouvait la plante. Cinq jours après avoir coupé le courant, il remarqua que le sol avait retenu toute l'électricité qu'il y avait introduite, et la plante était devenue plus verte sous l'influence bénéfique de ce phénomène.

Un ensemble de neuf poteaux érigés à la pépinière de M. C. E. Pope à Saint Martins. Un appareil est installé en haut de chaque poteau.

L'on m'a fait savoir que les courants électriques industriels pouvaient produire les mêmes résultats que l'électricité captée par l'appareil Christofleau. Cette comparaison a été faite, et l'électricité atmosphérique avait clairement l'avantage, car les courants industriels n'atteignent pas les rendements obtenus avec le procédé électromagnétique. Est-ce que cela signifie que la constitution et la qualité du fluide sont différentes

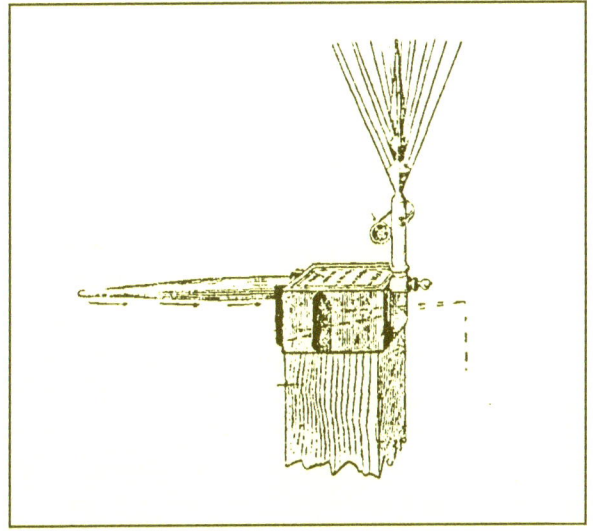

Une vue rapprochée de l'appareil

dans le courant atmosphérique et le courant industriel ? Non, certainement pas. Mais il y a un aspect sur lequel nous insistons principalement et immédiatement, c'est sur l'extraordinaire différence qui existe entre les effets du courant à FAIBLE INTENSITÉ, mais à application continue, et les effets des courants intenses, mais à application limitée. Des expériences ont été effectuées en utilisant des courants de 110 volts pendant une période limitée, et en renouvelant l'application tous les jours. Une telle électrisation n'avait jamais été capable de montrer une croissance de plus de 25 à 30 % comparée aux parcelles témoins. Avec le procédé de Christofleau, ses effets se répercutent non seulement sur le développement général des plantes elles-mêmes, mais aussi et surtout, sur l'augmentation des rendements et sur la taille et la qualité exceptionnelle des céréales, des légumes, des fruits, des tubercules, des vignes, etc., qui deviennent plus riches en éléments utiles tels que l'amidon, le sucre, l'alcool, etc. L'augmentation n'est pas seulement de 25 à 30 %, mais jusqu'à 100 et 200 %, et souvent plus. À quoi peut-on attribuer cette supériorité écrasante du procédé Christofleau ? Sans aucun doute à ces trois facteurs essentiels :

1. la faible intensité du courant ;
2. l'application continue ;
3. certainement l'action magnétique, qui ne peut pas être fournie par l'électricité industrielle. Tous les agriculteurs connaissent les effets bénéfiques d'une pluie constante, même si légère, comparée à de fortes averses. Le courant atmosphérique, l'effluve magnétique ne coûtent rien, ni les courants fournis par l'appareil Christofleau, qui sont offerts par le soleil, la pluie, les nuages, le vent et le gel. Il n'y a absolument aucun doute quant aux effets bénéfiques de l'électricité atmosphérique sur les végétaux. Plusieurs scientifiques l'on prouvé. L'abbé Nollet en 1749, l'abbé Bertholon en 1783,

et, un peu plus tard, Spechnoff, un scientifique russe, a démontré l'influence de l'électricité sur la végétation, et, au travers de son procédé, Spechnoff a montré une augmentation des rendements de 100 %.

L'idée n'a jamais été abandonnée, et si les prédécesseurs de M. Christofleau ne pouvaient pas mettre leurs idées en pratique, c'était à cause du fait que leurs appareils étaient trop complexes, sensibles aux changements de température, d'un prix élevé, et il n'était pas possible de les employer de façon rentable. Le succès de l'inventeur, M. Christofleau, est d'avoir réalisé un rendement maximum et accumulé dans son appareil, en plus du courant atmosphérique, les courants produits par le soleil, la pluie, les nuages, le vent et le gel, en créant un appareil résistant, pratique, insensible aux aléas des températures, qui durera toujours et ne requiert aucun soin ni entretien.

Une centrale hertzienne à proximité n'est pas désavantageuse pour l'électroculture ; il n'est pas non plus nécessaire que le terrain à traiter soit plat, car il peut onduler et avoir quelques pentes. MAIS UNE CHOSE EST TRÈS IMPORTANTE : LE FIL DOIT ÊTRE ORIENTÉ PLEIN NORD SUR UNE BOUSSOLE. Le seul inconvénient peut se trouver quand il y a des arbres jusqu'à, disons, 100 m au sud de l'appareil, car les courants électriques, qui voyagent invariablement du sud au nord, seraient interceptés et, en conséquence, les arbres interféreraient avec l'efficacité de l'appareil. Dans de tels cas, bien que l'effet ne soit pas annulé, il faudrait un temps relativement plus long pour que l'électricité atteigne son but. Toute obstruction au nord, telles que des arbres ou des bâtiments, n'influencerait, cependant, aucunement les effets.

L'électroculture a été grandement louée par de nombreux scientifiques, qui ont donné beaucoup d'encouragements à l'inventeur, et aujourd'hui, elle est considérée comme l'une des plus importantes découvertes de notre époque.

G.B.

Champ de pommes de terre cultivées avec la méthode d'électroculture. Hauteur : 1,90 m.
Nombre de tubercules pour chaque plante : 30 à 35.
Poids de chaque tubercule : de 500 g à 1 kg.

Opinion des scientifiques

Extrait de L'*Électro Revue*, janvier 1921.
Article écrit et signé par le célèbre électricien,
le Dr Foveau de Courmelles.

L'idée d'augmenter les rendements en agriculture à l'aide de l'électricité, c'est-à-dire en utilisant ce fluide pour activer le développement de la plante, n'est pas nouvelle.

Quelques expériences plutôt réussies furent réalisées au XVIIIe siècle, quand la science faisait d'importants progrès. Les abbés Nollet, Bertholon et Sans ont effectué des expériences pendant ce siècle. Je citerai ce passage d'une conférence que j'ai donnée le 28 février 1893 à la fête annuelle de la Société d'horticulture de Picardie, à Amiens : « Si la plante est neurasthénique, c'est-à-dire dépourvue de toute vigueur, bien qu'elle ne soit pas vraiment malade, l'électricité lui sera fortement bénéfique, tout comme elle l'est pour les humains. »

Une expérience a été effectuée sur deux champs identiques, qui étaient cultivés avec les mêmes plantes, à l'aide de chaînes métalliques traversant l'un des champs et par lesquels des courants électriques oxydés étaient formés. Le développement des plantes du champ électrisé était plus important que dans l'autre champ. Connaissant les heureux résultats que j'ai obtenus par l'application de l'électricité pour les maladies humaines, je n'étais alors pas surpris de ce résultat. Pour en revenir à la méthode à appliquer pour les plantes et les humains malades ou neurasthéniques, le remède est tout trouvé, à savoir, l'électrisation de la végétation morbide.

L'abbé Bertholon a prouvé ce remède il y a bien longtemps. De nombreuses expériences avec l'électricité ont été réalisées sur les végétaux depuis le XVIIIe siècle. À notre époque où, à cause de la sous-production, le coût de la vie est si élevé, n'importe quelle suggestion qui pourrait augmenter le rendement des ressources naturelles devrait être publiée, encouragée et appliquée. Il est donc agréable pour moi de parler des travaux de l'un des lecteurs de *L'Électro Revue*, M. Justin Christofleau, qui connaît et cite les travaux de ses prédécesseurs, les abbés Nollet et Bertholon. L'abbé Nollet, qui était le précepteur de Louis XVI, a annoncé au monde que l'électricité contribuait à l'ÉVAPORATION DU SOL, qu'elle facilitait la germination des graines et qu'elle augmentait accélération ascendante de la sève dans les végétaux.

L'abbé Bertholon, qui a également soigné des maladies humaines à l'aide de l'électricité, inventa « l'électro-végétomètre » afin de tester son action sur les plantes. En 1900, le frère Paulin, directeur de l'Institut agronomique de Beauvais, a mené des expériences très concluantes à Montbrisson. Enfin, M. Grandeau a établi le fait que la nitrification des produits de la terre par les végétaux était due à l'électricité atmosphérique.

Les produits azotés prennent dans l'air ambiant et le fluide électrique les éléments de leur transformation ; c'est indéniable, et c'est aujourd'hui utilisé industriellement.

En connaissant bien les faits ci-dessus et en suivant les lois du magnétisme terrestre, M. Justin Christofleau a inventé et mis en pratique un appareil très simple, qui capte les courants telluriques, ces courants terrestres qui dirigent l'aiguille de la boussole vers le nord et le sud. Cet appareil est placé sur un poteau en bois de 6,25 m de haut (au moins) et exactement dans la direction de l'aiguille de la boussole. Les parties australe et boréale portent les antennes vers le nord et le sud de façon à ce que le courant magnétique qui circule du nord au sud soit capté à son passage par les antennes de l'appareil.

Un fil galvanisé conduit cette électricité dans le sol. L'air ambiant, qui est électrisé, électrise aussi le haut des antennes, et cette électricité, qui suit le même cours que le courant terrestre, ajoute son action dans les profondeurs du sol. Le résultat est excellent, et ce n'est pas surprenant.

Il n'y a rien d'autre à faire que de propager l'invention. Cette double électricité n'a aucune limite, on peut alors réunir les fluides terrestre et aérien pour des kilomètres et des kilomètres, et doubler la production sans augmenter le travail manuel.

Quelques fraises

Des haricots

Cultivés avec des engrais

Cultivés avec le procédé d'électroculture sans engrais

Rapports officiels

Expériences faites à l'Institut agricole de Metz
avec l'appareil d'électroculture

République française

Le directeur de la Station agronomique de Metz,
à Metz, le 5 août 1921

À M. J. Christofleau,

En réponse à votre lettre du 26 juillet, j'ai l'honneur de vous joindre les rapports sur les résultats des essais faits avec votre appareil par M. Sabatier, CHIMISTE PRINCIPAL, à la Station agronomique de Metz.

Veuillez accepter, monsieur, mes salutations.

(Signé) Le directeur de
la Station agronomique de Metz.

Rapport de M. Sabatier

Ingénieur en Agriculture et chimiste principal à la Station agronomique de Metz
Expérience d'électroculture avec l'appareil Christofleau.

1. Sur les arbres fruitiers

Nous avons observé une végétation plus riche par l'action de l'appareil sur un abricotier malade. La maladie était due à un champignon parasite qui a complètement disparu, et, pendant le mois d'août, nous avons remarqué plusieurs nouveaux rameaux très vigoureux. La fructification était inévitablement médiocre, car tous les arbres fruitiers avaient été attaqués par une gelée noire de six degrés alors que les arbres étaient en fleur.

2. Sur les légumes

Un champ de haricots verts a été divisé en deux parties. Une a été soumise à l'action de l'appareil d'électroculture, l'autre a servi de parcelle témoin, la fumure des deux parcelles étant identique. Sous l'action du procédé de Christofleau, les haricots verts résistèrent au temps sec ; le développement resta toujours régulier et l'on put remarquer un développement uniforme sur toute la parcelle influencée. La parcelle témoin ne put pas résister à la sécheresse intense qui eut lieu en juillet. Les tiges des haricots de cette parcelle devinrent complètement jaunes, et la récolte fut considérablement réduite. La parcelle de terre sur laquelle était installé l'appareil de Christofleau produisit TROIS FOIS la récolte de la parcelle témoin.

Ces expériences méritent l'attention des agriculteurs, des arboriculteurs, des viticulteurs et des horticulteurs. Cependant, elles doivent être continuées pendant deux à trois ans sur différentes cultures, afin de montrer leur action sur les végétaux en général et sur la fructification des arbres fruitiers en particulier.

L'opinion de la presse

Extrait du journal *L'Agriculture de Touraine*,
26 mai 1921

Un immense progrès en agriculture : l'électroculture

Le travail des scientifiques et l'expérience qu'ils ont acquise au fil des années a démontré que quand une calamité affecte l'Homme, la Nature vient en aide à l'humanité avec quelque aide naturelle ou autre afin de combattre cette calamité.

L'effroyable cataclysme qui s'est récemment étendu partout dans le monde a eu une longue série de conséquences très regrettables. Parmi elles, il en est une particulièrement grave, car elle affecte des millions de personnes qui sont écrasées, pour ainsi dire, par son énorme poids.

Cette conséquence est LE PRIX ÉLEVÉ DE LA VIE. Il est donc nécessaire de combattre ce mal. De nombreuses solutions diverses ont été suggérées et, jusqu'à présent, les résultats ont été extrêmement minces. Il n'y a qu'un seul moyen pour remédier à ce mal : L'INTENSIFICATION DE LA PRODUCTION DE CE QUI EST NÉCESSAIRE À LA VIE.

Le problème est donc le suivant : AUGMENTER

LA PRODUCTION DE LA TERRE, DIMINUANT AINSI LE COÛT D'IMPORTATION QUI GRÈVE LES RECETTES DES AGRICULTEURS.

LA SOLUTION SE TROUVE DANS L'ÉLECTROCULTURE

Dans l'électroculture

L'électroculture est une science ancienne. Depuis des siècles, des scientifiques avaient découvert que cette mystérieuse force qu'est l'électricité était connectée à la vie des hommes, des animaux et des plantes, et, ayant remarqué ses effets sur les corps animés, ils l'ont appliquée au profit de la végétation. De nombreux inventeurs ont employé l'électricité pour le développement des plantes et ont tous obtenu des résultats impressionnants et concluants.

Il était alors établi depuis longtemps que l'électricité influençait la vie des plantes et les développait, mais personne n'avait trouvé le moyen d'appliquer ce principe de façon pratique, jusqu'à ce qu'un de nos compatriotes, un infatigable chercheur (qui, pendant la période difficile de la guerre, a rendu de nombreux services à la Défense nationale), après de nombreuses années de travail expérimental et d'essais, ait si efficacement résolu cette difficulté par les surprenants résultats qu'il a obtenus. Il a fait breveter une méthode d'électroculture qui est à l'agriculture ce que la télégraphie sans fil est à la télégraphie aérienne de Chappe.

L'électroculture est née, et l'agriculture doit sa géniale application à M. Justin Christofleau. DANS LE FUTUR, LE BESOIN D'ENGRAIS CHIMIQUES POUR FERTILISER NOS TERRES SERA FORTEMENT AMOINDRI. Jusqu'à présent, tous les inventeurs avaient proposé différentes méthodes qui étaient clairement efficaces mais n'étaient pas applicables, car trop compliquées.

M. Christofleau a inventé un appareil petit et simple qui, placé à l'extrémité d'un champ, capte les courants atmosphériques qu'il combine avec les courants telluriques. Lorsqu'ils entrent en contact, ils sont transportés par un fil de fer galvanisé dans le sol, où ils déversent leurs effets bénéfiques, grâce auxquels ils multiplient de façon extraordinaire la quantité et la qualité des récoltes.

Haricots blancs d'Espagne,
cultivés en juillet 1926,
2,75 m de haut.

Pois, 2,30 m à 2,75 m,
cultivés en juin 1926.

The Brisbane Daily Mail
10 octobre 1926

Famine mondiale
Réduction des récoltes

Londres, mardi.— Sir Daniel Hall, conseiller scientifique en chef et directeur général du service des renseignements du ministère de l'Agriculture, alors qu'il s'adressait à la British Association[3], présagea le spectre d'une grande famine lorsque les champs de blé du monde ne seraient plus capables de nourrir la population qui se multiplie.

Sir Daniel dit que l'on manquait déjà de bonnes terres, l'Australie et l'Afrique du Sud devant ainsi alterner la production laitière et l'agriculture. La population mondiale consommatrice de blé a augmenté de cinq millions par an, ce qui requiert de trouver cinq millions d'hectares de terres en plus, tandis que, au contraire, il y a eu une réduction de la superficie de nombreuses cultures depuis la guerre.

La population blanche pourrait être forcée à l'abstème et au végétarisme [...].

L'agriculture avait perdu ses meilleurs cerveaux en raison des petits rendements produits. L'exode

---

3. *NdÉ* : la British Association, fondée en 1831, est l'ancien nom de la British Science Association, qui encourage la promotion et le développement de la science.

rural progressait partout. Surpopulation et chômage étaient de terribles réalités, ET LE SEUL ESPOIR POUR L'HUMANITÉ ÉTAIT D'INTENSIFIER SCIENTIFIQUEMENT LA CULTURE DES TERRES EXISTANTES.

Extrait de *L'Homme libre*,
journal du 20 février 1921
Article écrit par M. Fernand Hure.

Si quelqu'un nous disait : « Nous n'aurons plus besoin de charbon, de pétrole, d'huile lubrifiante pour aider la machinerie à fonctionner dans les usines ; plus besoin d'engrais pour les cultures », nous serions tentés de croire que c'est un miracle. C'est néanmoins une réalité. Dans le village de La-Queue-les-Yvelines, près de la forêt de Rambouillet, nous avons vu M. Christofleau, un infatigable travailleur, appartenant à cette très rare élite qui travaille calmement et en silence.

M. Christofleau (qui a également inventé une turbine aérienne capable de rendre l'utilisation du charbon inutile, et qu'il a présenté au gouvernement français pendant la guerre), travaillant sur les lois du magnétisme terrestre, a inventé un appareil qui capte l'électricité de l'air et le répand dans le sol, où il contribue à la formation de produits azotés.

Son appareil, qui a été breveté dans le monde entier sous le nom de « électro-magnétique terro-céleste », est extrêmement simple, et son effet sur la végétation est vraiment merveilleux. Les céréales, les légumes, les vignes, les arbres fruitiers se développent avec une extraordinaire vigueur en assimilant rapidement les substances nutritives du sol. Ceci signifie que nous sommes à la veille d'une totale révolution de nos méthodes actuelles de culture.

L'abbé Moreux, le directeur de l'observatoire de Bourges, affirme que l'appareil va induire d'extraordinaires rendements sur les plantes soumises à son influence.

Le précieux fluide électrique peut être utilisé sur des kilomètres et des kilomètres, formant presque un immense réseau magnétique à l'intérieur duquel les microbes et parasites malveillants meurent.

Les vignes traitées par le procédé de M. Christofleau sont immunisées contre le phylloxéra et le mildiou.

N'est-ce pas, alors, une source de richesses inestimables pour l'agriculture ? M. Christofleau a accompli son devoir envers l'humanité. Nous accomplissons modestement le nôtre en attirant l'attention sur son œuvre.

Extrait de *La Revue du Ciel*,
article écrit par l'abbé Moreux

Ce problème n'est pas nouveau et, parmi les expériences qui ont été faites pour le résoudre, je dois citer l'abbé Nollet, qui fut le premier à remarquer l'influence de l'électricité sur la végétation. En 1783, l'abbé Bertholon constata l'action de l'électricité atmosphérique sur la végétation dans l'un de ses travaux, mais en fit une application pratique à l'aide de l'électro-végétomètre.

Autour de 1900, le frère Paulin, directeur de l'Institut agronomique de Beauvais, réalisa des expériences concluantes à Montbrison, ce qui provoqua un grand retentissement. Plus récemment encore, M. Grandeau, le scientifique agricole, a établi le fait que l'électricité avait une influence notable sur la nitrification des produits de la terre par la végétation.

Reprenant les expériences mentionnées plus haut, M. Christofleau, qui est également l'inventeur d'une turbine aérienne d'une capacité de 15 000 chevaux, a inventé un appareil qu'il a nommé « l'électro-magnétique terro-céleste », qui capte l'électricité de l'air pour la répandre dans le sol, où elle contribue à la formation des produits azotés. Il est très important de bien orienter l'appareil dans le sens SUD-NORD, l'aiguille en acier vers le SUD et le fil souterrain vers le NORD. Le fil souterrain peut être placé dans le sol à une profondeur d'environ 5 cm sous le soc de la charrue. Les poteaux sur lesquels l'appareil est attaché doivent être placés à une distance de 3 m.

Depuis un certain temps maintenant, l'utilisation de l'appareil de M. Christofleau s'est grandement développée, et il semble que tout le monde loue l'invention, qui fait donner aux plantes soumises à l'influence de l'électricité ainsi captée, DES RENDEMENTS EXTRAORDINAIRES. Nos lecteurs qui s'intéressent à l'agriculture nous seront reconnaissants pour avoir attiré leur attention sur ce sujet.

Liste des journaux qui ont écrit en faveur du procédé d'agriculture de Christofleau

La Nature, 28 mars 1921.
La Bonhomme Normand, 1er avril 1921.
La Belgique productrice, 1er avril 1921.
Le Sud marocain, 7 avril 1921.
La Vallée d'Aoste, 9 avril 1921.
Le Paysan de France, 10 avril 1921.
La Revue économique de Tours, 16 avril 1921.
La Défense agricole de la Beauce et du Perche, 4 juin 1921.
L'Union catholique de Rodez, 16 août 1921.
Le Radical de Paris, 7 septembre 1921.
La Démocratie nouvelle, 30 juillet 1922.
Le Pionnier, juin 1922.
Le Chasseur français, 22 février 1923.
L'Électricien, 15 avril 1923.
Le Magasin pittoresque, 15 avril 1923.
Le Paysan de l'Yonne, 15 mai 1923.
La Revue mondiale, 15 mai 1923.
Le Petit Inventeur, 12 juin 1923.
L'Aube nouvelle, 30 juin 1923.
Le Soir de Bruxelles, 15 juin 1923.
Le Pionnier, janvier 1923.
Almanach du Petit Parisien, juin 1924.
L'Homme libre, 23 et 27 juillet 1924.
L'Excelsior, juillet 1924.

The Times (édition de Paris), 3 août 1924.
Le Fermier, 11 août et 30 octobre 1924.
L'Indépendant de Rambouillet, 15 août 1924.
L'Industrie naturelle belge, 21 août 1924.
L'Almanach du Petit Haut-Marnais, 1925.
L'Œuvre, 2 mars 1924.
Le Petit Parisien, 2 novembre 1924.
L'Intransigeant, 3 novembre 1924 et 1er février 1925.
Berlin Tageblatt, 16 novembre 1924.
Le Matin d'Anvers, 20 novembre 1924 et 28 décembre 1924.
The World Magazine, 22 mars 1925.
Lokal-Anzeiger, 8 avril 1925.
Der Blitz, 21 mai 1925.
La Revue mondiale, 15 juillet 1925.
The Popular Science Magazine, juin 1925.
The Primary Producers' News, Sydney, 21 janvier 1927.
The Primary Producer, Perth, 10 février 1927.
The Sunday Times, Perth, 13, 20 et 27 juin 1926.
The Truth Newspaper, Perth, 16 juillet 1927.
The West Australian, Perth, 7 juillet 1927.
The Mirror, Perth, 23 juillet 1927.
The Otago Daily Times, N^{elle}-Zélande, avril 1927.
The Timaru Herald, Nouvelle-Zélande, avril 1927.
The Lyttleton Press, N^{elle}-Zélande, 5 mars 1927.
The World's News, Sydney, 15 janvier 1927.
The Recorder, Australie-Méridionale, 11 décembre 1926.

Notes diverses

Au lieu d'alterner les cultures dans les zones de culture de blé où les précipitations sont faibles, il faut mettre en jachère tous les deux ans. Bien que le sol se repose, l'appareil n'est jamais inactif, mais il déverse continuellement l'électricité et les matières fertilisantes dans le sol. Cette action continue l'année suivante pendant que la culture pousse, ainsi, l'appareil fonctionne perpétuellement. Après trois années, les cultures peuvent être récoltées tous les ans, à condition qu'une année de repos soit accordée au sol tous les cinq ou six ans.

Il est clair qu'aujourd'hui, il n'y a personne de vivant qui puisse expliquer pourquoi l'électricité fait pousser les plantes, car nous sommes ici confrontés au grand mystère de la vie, nous ne pouvons que remarquer les effets que l'électricité a sur les plantes. Les plantes sont plus fortes, plus saines, plus vigoureuses, plus vertes ; les récoltes ont de meilleurs rendements, les épis sont plus gros et plus fournis, les fruits et les légumes sont plus gros, plus nombreux et ont un développement accéléré.

Quant aux transformations chimiques qui ont lieu dans le sol par l'action de l'électricité, nous devons, en ce qui concerne la science dans son état actuel, nous contenter de prendre note des résultats bénéfiques et donc en profiter. Si un jour ce mystère est résolu, tant mieux.

1. À cause des changements dus au contact de l'électricité de l'air avec le magnétisme terrestre, il se crée des vibrations auxquelles les petits insectes ne peuvent pas résister.
2. Les plantes qui assimilent l'électricité sont beaucoup plus vigoureuses et, plus tard, quand le sol est plus imprégné d'électricité, elles résisteront mieux à toutes les maladies et parasites qui pourraient les attaquer.

L'Allemagne a proposé, en vain, douze millions de francs pour les droits mondiaux de l'appareil de M. Christofleau.

Lorsque l'on rassemble les extrémités du fil, il est conseillé de les réunir très étroitement sur environ 40 cm, et de souder les extrémités de façon à éviter les fuites.

Plus le poteau est élevé au-dessus du sol, meilleurs seront les résultats.

Avec l'aide des agriculteurs, une nouvelle ère de prospérité s'approche rapidement, et s'étendra très vite dans tout le Commonwealth.

Tout ce qui pousse à l'aide de l'électroculture est plus sain pour la consommation humaine et pour la santé publique en général.

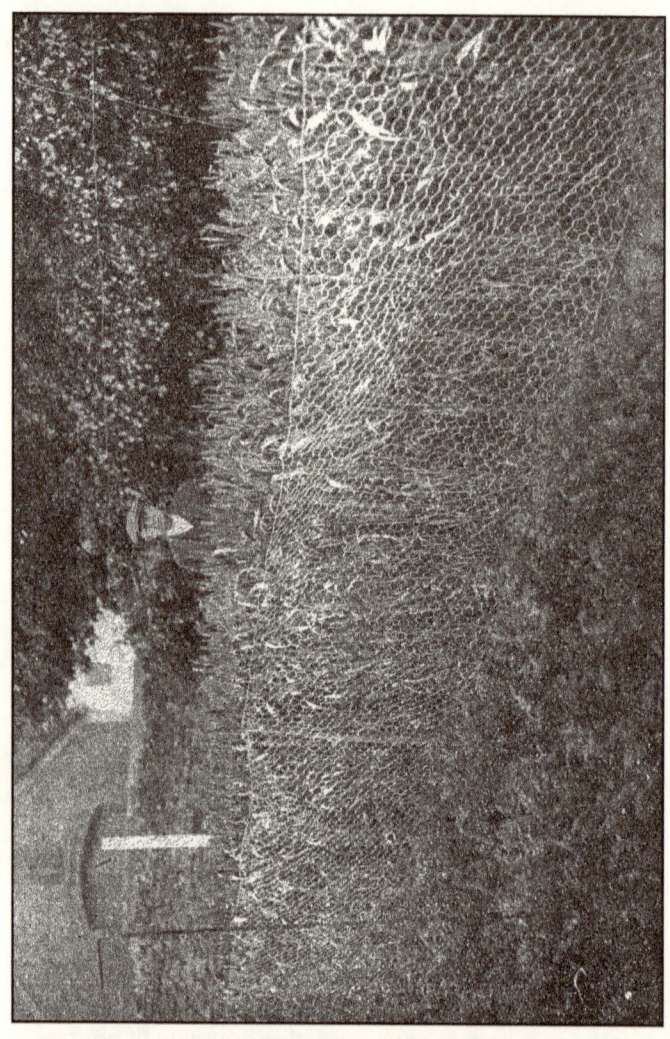

Un beau champ de blé

Un chou mesurant environ 3,35 m
de circonférence

Les agriculteurs judicieux et progressistes vont facilement reconnaître les vertus du procédé d'électroculture, et ne perdront pas de temps pour installer l'appareil.

Tout ce qui pousse à l'aide du procédé d'électroculture est accéléré, et donc sera disponible à la vente plus tôt.

Lorsque l'on s'apprête à électriser un lopin de terre, l'opération est très simple. La direction sud-nord est correctement déterminée à l'aide d'une boussole ; ce point est extrêmement important, car le magnétisme terrestre se déplace du sud vers le nord. L'appareil est ensuite installé de façon à ce que l'aiguille soit en direction du sud afin de capter les courants telluriques, et le fil placé dans le sillon se dirige vers le nord, captant ainsi le magnétisme terrestre (courants de la terre).

L'appareil influencera une bande de terre d'une largeur de 4,25 m d'est en ouest, et d'une distance sud-nord illimitée.

Le cultivateur ne doit pas être déçu si la totalité des 4,25 m n'est pas électrisée la première année. L'influence va s'étendre progressivement au fil des années, car l'électricité se sera accumulée dans le sol.

Le procédé de Christofleau est le seul connu qui combine les courants telluriques (le magnétisme terrestre) avec l'électricité positive de l'atmosphère.

Le fil souterrain peut s'étaler sur des kilomètres et des kilomètres en direction du nord, reliant une propriété à une autre.

Il y a de nombreux procédés d'électroculture qui emploient l'électricité industrielle, celle-ci étant transmise au sol en grande quantité, généralement de 110 volts, en continu pendant quatre heures. Ensuite, le courant est coupé, et remis le jour suivant. Des expériences ont montré que si cette intensité de l'électricité industrielle était transmise au sol sur une durée de plus de quatre heures, elle brûlerait et détruirait la végétation.

Du point de vue d'un agriculteur, M. Christofleau compare ce procédé à une grosse averse de courte durée. Après de nombreuses années de recherches dans son laboratoire, il a réussi, à l'aide de son appareil, à capter l'électricité positive de l'atmosphère, à la canaliser et à la redistribuer dans le sol de façon faible mais continue, ce qu'il compare à une légère averse de longue durée.

Les procédés industriels n'ont jamais été connus pour avoir montré plus de 35 % d'augmentation de la production.

Le rendement presque incroyable obtenu par le procédé de Christofleau est dû au faible courant de l'électricité atmosphérique qui est transmis dans le sol avec la combinaison du magnétisme terrestre.

Le fil de l'appareil se trouvant dans le sillon peut s'étendre sur les collines ou dans les vallons, à condition que la ligne soit toujours en direction du nord ; il peut passer par-dessus un ruisseau ou une rivière, avant d'être de nouveau enterré dans le sillon de l'autre côté, continuant son chemin.

Dans le cas d'un petit drain, le fil peut être étendu dans un tuyau en terre cuite.

Comme le sol devient plus imprégné des richesses que l'appareil lui transmet, les récoltes augmentent les première, deuxième, troisième et quatrième années ; entre la cinquième et la sixième année, le sol aura atteint son potentiel de production maximal, et les récoltes seront à leur maximum, et ne déclineront pas tant que l'appareil restera en place.

On recommande au cultivateur d'utiliser de l'engrais la première année, comme si l'appareil n'était pas là. La deuxième année, l'utilisation de l'engrais est optionnelle. Après la deuxième année, il n'est plus nécessaire. Les premiers résultats seront visibles sur le feuillage, qui devient d'un vert plus foncé, et les feuilles seront plus grandes et plus épaisses grâce à la plus grande quantité de produits azotés induits dans le sol.

L'électricité atmosphérique fonctionne par strates ou couches séparées dans l'air, chacune sur un niveau différent, l'une au-dessus de l'autre. Plus la couche est élevée par rapport au sol, plus le voltage est important. Ces courants, qui sont des courants positifs, effectuent continuellement un mouvement de va-et-vient au sein de leur plan particulier.

L'aiguille perpendiculaire et les antennes de l'appareil servent de conducteur pour transmettre ce courant atmosphérique positif au courant terrestre négatif. Il est évident de constater que plus le poteau sur lequel est installé l'appareil est haut, plus la quantité d'électricité captée est élevée.

Tout ce qui pousse à l'aide de l'électricité est plus sain pour la consommation humaine.

Avec l'aide des agriculteurs, une nouvelle ère de prospérité s'approche rapidement, et s'étendra très vite à travers toute l'Australasie, et enfin à travers le monde entier.

Il est recommandé de peindre le poteau sur lequel est placé l'appareil afin de préserver le bois, en prenant bien soin de ne mettre aucune peinture sur l'appareil ou sur le fil.

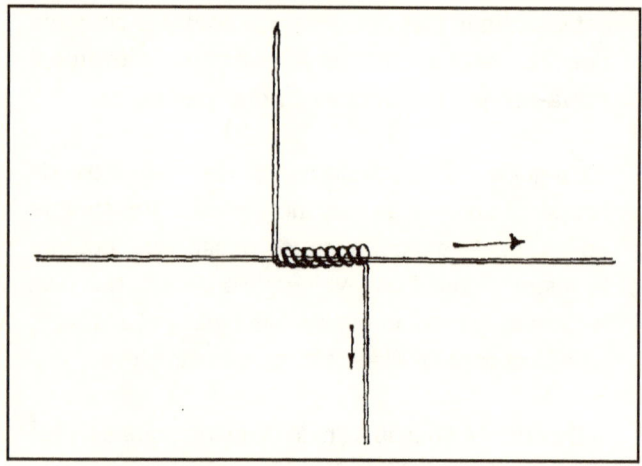

Illustration de la méthode pour fixer le fil tendeur
aux principaux fils lorsque l'on utilise un fil
suspendu pour les vignes.

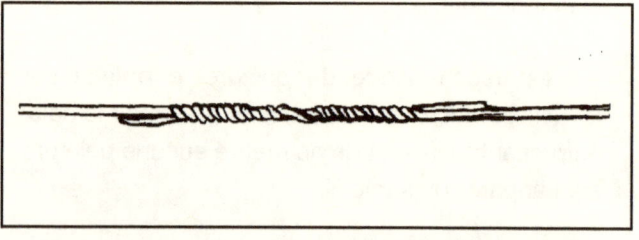

Lorsque l'on rejoint les extrémités des fils, il est
essentiel d'enrouler les fils de façon très serrée
sur une distance d'environ 40 cm,
et d'en souder les extrémités.

Ce qu'il faut retenir

Si vous avez le moindre doute sur certains aspects, n'hésitez surtout pas à nous contacter. Des réponses à vos questions seront apportées, en temps voulu, par votre représentant local.

L'appareil peut être installé à tout moment, le plus tôt sera le mieux. L'électroculture va RAPIDEMENT ADOUCIR ET RÉGÉNÉRER les terres qui sont devenues acides à cause de la culture continue, et gardera le sol bien aéré.

Il est peu judicieux d'attendre que les cultures soient semées avant d'installer l'appareil. Plus l'appareil est longtemps en place, plus le sol aura reçu d'électricité.

Entre la cinquième et la sixième année, le sol aura atteint son plus haut potentiel de production, et s'y maintiendra toujours. L'appareil ne doit pas être enlevé.

Le cultivateur ne doit pas être déçu si la totalité des 4,25 m de bande n'est pas électrisée la première année. L'influence va progressivement s'étendre au fil des années, car plus d'électricité se sera accumulée dans le sol.

Lorsque l'on réunit les extrémités des fils, il est essentiel de réunir les fils de façon très serrée sur environ 40 cm, et d'en souder les bouts.

Le procédé d'électroculture de M. Christofleau a un effet vraiment merveilleux sur les fleurs : elles fleurs sont considérablement augmentées et de taille remarquable, le parfum est nettement plus prononcé, et le feuillage acquiert une verdure plus riche.

Pour toute entreprise commerciale, l'objectif est d'obtenir le maximum de résultats avec le minimum de travail et de dépenses. Sachez que cet objectif sera atteint en utilisant le procédé d'électroculture de M. Christofleau.

Lorsque les agriculteurs se seront familiarisés avec l'influence de l'électricité sur les cultures et la végétation, ils se rendront compte de ses multiples et immenses avantages.

Les résultats obtenus la première année de l'installation de l'appareil libéreront les sceptiques et les indécis des doutes qui leur obscurcissent l'esprit. À la fin de la deuxième année, lorsque les résultats seront encore plus évidents, l'agriculteur se rendra compte que l'électroculture marque l'avènement d'une ère nouvelle pour l'agriculture.

Témoignages

Expériences menées par M. Roger Claret
dans sa propriété à Fleury d'Aube (Aube)
(témoignage de l'huissier de la municipalité)

Le 16 septembre 1922, moi, J. Boyer, huissier du tribunal civil de Narbonne, et résident, à la requête de M. Roger Claret, propriétaire à Fleury d'Aube, qui m'a certifié : que le 1er avril 1922, il a installé dans l'un de ses vignobles au lieu-dit « Les Prés », vingt-huit appareils d'électroculture inventés par M. Christofleau ; que, du fait de l'influence de ces appareils, les cultures qui se trouvent sur la terre électrisée sont très belles, et il m'a demandé de visiter sa propriété avant de récolter ces dites cultures, et de constater : 1. Les résultats obtenus par l'utilisation de ces appareils, 2. La différence de récolte avec les cultures témoins qui étaient sur le même terrain, de la même variété de vigne, et avaient été plantées au même moment.

Moi, J. Boyer, par respect pour cette demande, ai visité ladite propriété et ai constaté : 1. que sur une partie de cette très grande propriété plantée de vignes, M. Claret a installé vingt-huit appareils inventés par M. Christofleau ; 2. que la végétation est superbe, les rameaux sont très longs, gros et nombreux, les feuilles sont très vertes, grandes et bien développées ; 3. que la récolte issue de la terre électrisée est très importante, j'ai compté trente-cinq grappes de gros raisins sur de nombreuses vignes, les baies étaient très rapprochées et très longues ; 4. que cette récolte est très régulière et supérieure à celle des lopins témoins qui ont reçu de l'engrais. La terre électrisée n'a reçu aucun engrais ; 5. que neuf cent vingt-quatre vignes de la terre électrisée, qui ont été récoltées en ma présence, ont produit cent comportes de raisins et les 2 274 pieds auraient produit plus de trois cents comportes ; 6. que dans les lopins de terre témoins qui n'ont pas été soumis à l'action dudit appareil, M. Claret a déclaré que deux mille vignes avaient produit cent quatre-vingt-dix-neuf comportes de raisins.

Il en ressort que les rendements de la terre qui a été soumise au traitement électromagnétique étaient supérieurs à ceux de la parcelle témoin. M. Claret a affirmé que les comportes avaient été remplies et pressées par la même personne et de la même façon.

Et pour tout ce qui a été affirmé plus haut, j'ai ici signé cette déclaration.

J. Boyer, huissier, Narbonne.

Trèfle électrisé par le procédé d'électroculture.
Récolté en 1923. Hauteur : 1,62 m.

Un vieux poirier chargé de fruits. Cet arbre est si vieux, qu'avant d'être régénéré par le procédé d'électroculture, il portait à peine quelques feuilles.

Oakdale, via Camden,
4 janvier 1927.

Tylors (Australia) Limited,
13 Bridge Street,
Sydney.

Chers Messieurs,

J'écris cette lettre pour vous parler des résultats très satisfaisants que j'ai obtenus avec deux appareils d'électroculture de Christofleau. Il y a douze mois, sur une bande de terre sur laquelle, jusqu'à présent, je n'avais jamais été capable de faire pousser des fruits de la passion, j'en ai encore planté, et, ainsi, vous pouvez voir que j'ai mis l'appareil à rude épreuve.

J'ai planté des rangées témoins de vigne tout le long sur de la bonne terre et les ai bien fertilisées. La première différence que j'ai remarquée était les feuilles nettement vertes qui sont apparues sur les plants électrisés, ainsi qu'un développement plus avancé, bien que nous n'ayons eu presque aucune pluie, puis seulement en hiver, ce qui n'est pas bon pour les fruits de la passion.

Aujourd'hui, après douze mois, la différence est plus marquée. Les rangées électrisées sont non seulement en meilleure santé avec des feuilles plus grandes et plus vertes, mais la quantité de fruits est au moins double par rapport aux vignes des rangées non électrisées, et les fruits sont plus gros.

Je suis impatient d'avoir d'encore meilleurs résultats à partir de maintenant, puisque nous avons eu de si bonnes pluies. Je suis sûr que ces bons résultats sont dus à l'influence de l'appareil. Je sais que les gens sont sceptiques, et l'on s'est moqué de moi lorsque j'ai installé le mien, mais aujourd'hui, j'ai des visiteurs qui viennent des quatre coins du pays, et je suis certain de tous les convaincre, avant qu'ils ne quittent ma ferme, que l'électroculture n'est pas une plaisanterie. J'ai écrit à M. Christofleau au sujet des bons résultats que j'ai obtenus, et je serai bientôt capable de vous commander plus d'appareils. Et je sais que l'électroculture produit sur mes cultures tout ce que votre brochure promet.

Vous souhaitant tous les succès.
Bien à vous,
Harry Lovell.

Steere Street, Collie
11 janvier 1927.

À M. Alex. Trouchet.

Cher Monsieur,

Ayant érigé l'un des appareils d'électroculture de M. Christofleau, je suis ravi d'annoncer que j'ai obtenu des résultats très satisfaisants. Je peux dire que j'ai gagné plus de trois semaines sur la maturité de mes tomates, que j'ai plantées sur un terrain traité par l'appareil. Les fruits mûrissent uniformément, et sont plus gros et ont une excellente saveur. J'ai également remarqué que j'avais un pêcher et un nectarinier qui, pendant trois ans, avaient été dans un état déplorable à cause de la cloque du pêcher ; depuis que j'ai installé l'appareil, elle a complètement disparu.

Je ne peux envisager aucun autre agent que l'électroculture ; je n'ai jamais pulvérisé ni fertilisé les arbres depuis leur mise en terre. L'appareil a été installé en juillet 1926. J'ai aussi constaté les résultats très bénéfiques sur les semis de tomates et de salades plantés sous l'influence de l'appareil.

Je suis tout à fait satisfait des résultats par rapport aux plants témoins, qui sont presque sur le même type de terrain et ont fourni des résultats identiques dans deux cultures de tomates séparées ; alors que ceux sous l'influence sont bien plus gros et de manière générale, d'un calibre de fruit supérieur.

J'ai eu une discussion avec M. Bevan de Allanson : il est également très satisfait des résultats d'une culture de pois qu'il a semée. Bien que ce fut dans un sol sableux pauvre en nutriments, il utilisa de l'engrais super, et il dit qu'il était stupéfait par le développement et la productivité de la culture qui était influencée par le fil. Une culture témoin, avec le même engrais, donna des résultats complètement différents que les cultures traitées par l'électroculture. M. Bevan a l'intention de vous écrire prochainement, et vous serez sans aucun doute ravi de recevoir sa lettre.

J'ai rendu visite à M. J. Sykes, d'Allanson, et il me montra quelques vignes où il avait installé un des appareils. Bien que ses plants aient été semés au même moment, deux ans auparavant, il y a un merveilleux développement à l'endroit où le fil de l'appareil est enterré. À une ou deux exceptions près, aucun des plants plus éloignés du fil n'est équivalent en ce qui concerne la longueur du bois.

Vous souhaitant bonne chance.
Bien à vous,
John McCaughan,

Témoin :
H. Whiteaker, juge de paix,
Collie, W.A.
11 janvier 1927.

La Queue-les-Yvelines,
20 juillet 1923.

Moi, le soussigné G. Etoc, conseiller municipal, marchand de produits à La Queue-les-Yvelines, déclare par la présente que pendant les cinq dernières années, j'ai acheté tous les ans la récolte d'avoine cultivée sur un très petit champ appartenant à M. Christofleau. La production de ce petit champ a augmenté chaque année, et cette récolte, qui n'était que de cent vingt à cent cinquante ballots a augmenté cette année à deux cent soixante-quinze ballots, plus vingt-cinq ballots qui ont été conservés par M. Christofleau, ayant donc un rendement total de trois cent ballots. L'avoine était d'excellente qualité. Les récoltes ont donc été doublées depuis que M. Christofleau habite cette propriété.

G. Etoc.

Témoin de la signature de M. Etoc :
A. Joulain
(Sceau de la municipalité).

Montfort L'Amaury,
27 septembre 1923.

M. Christofleau,

Bien que les trois appareils que je vous ai achetés n'aient été installés que fin mars (seulement six mois), je suis ravi de vous informer que les résultats ont été bons. Je n'ai jamais eu autant d'artichauts, dont certains étaient très gros. J'ai obtenu une grosse récolte de tomates et les choux-fleurs ainsi que les salades étaient très gros. Mes arbres fruitiers semblent plus vigoureux, et me font espérer que les résultats de l'année prochaine seront encore plus satisfaisants.

A. Groussin,
Président de la Société
d'horticulture de Montfort.

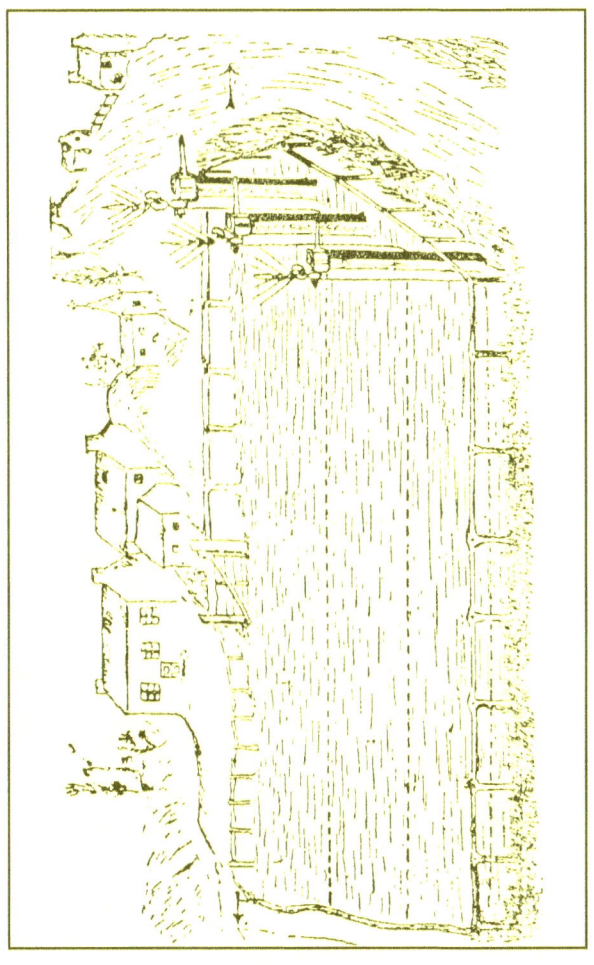

Mise en place sur une culture

NB : Si un voisin souhaite partager le prix de l'installation, le fil peut facilement être allongé jusqu'à sa propriété.

« Riverside »
30 Cook Street
Nedlands, W.A.

À M. Trouchet,
Pharmacien,
Perth.

Cher Monsieur,

Référence : l'électroculture, dont je vois que vous gérez l'agence.

En 1914, quand nous étions en France avec le corps expéditionnaire, nous avons été stoppés près d'une ferme, ou ce qui semblait être une ferme composée d'une maison, d'un verger et de grands potagers. Comme nous n'avions que des biscuits de mer et du corned-beef à manger depuis plusieurs jours, notre major, Lord George Stewart Murray, décida de se procurer des fruits, si possible. Avec cette intention, il prit cinq hommes parmi nous pour traverser les jardins et atteindre la maison. Lorsque nous pénétrâmes dans un jardin, nous fûmes stupéfiés de constater des plants de tomates d'une taille énorme et lourdement chargés de fruits. Nous rencontrâmes le maître de maison, qui nous fit visiter, semblant particulièrement fier de ses produits. Il nous fit remarquer un figuier qui poussait dans du gravier, sans aucune terre près des racines. Nous avions nous-mêmes noté ce détail. Nous ne comprîmes pas la discussion entre le major et M. Christofleau, dont nous apprîmes le nom ensuite, car ils conversaient en français. Nous repartîmes finalement avec une quantité de beaux fruits, qui furent distribués à la compagnie.

Lorsque nous les mangeâmes, presque tout le monde remarqua leur beauté, pas seulement leur taille, mais aussi leur douceur et leur saveur.

Plus tard dans la journée, notre major (je regrette d'avoir à dire qu'il fut tué quelques jours plus tard) nous expliqua que les fruits que nous avions mangés avaient été cultivés à l'aide d'une invention du cultivateur. Il semble qu'il avait fertilisé son sol avec de l'électricité provenant de l'air, et qu'il n'avait utilisé aucun engrais.

Il me semble que ce que nous avons vu il y a si longtemps arrive enfin à une utilisation générale.

Je suis sûr que si les utilisateurs potentiels avaient constaté ce que nous avons observé, ils sauteraient sur l'occasion.

J'espère que vous excuserez la liberté que j'ai prise de vous écrire, mais j'ai eu l'impression que, comme j'avais écrit au *Sunday Times* et que j'avais raconté à l'éditeur ce que je viens de relater, je devais vous écrire également.

Si vous le voulez bien, j'aimerais vraiment voir cet instrument, si vous pouviez trouver le temps de me le montrer et de me l'expliquer.

Espérant que mon histoire vous intéressera,

Je suis,
Bien à vous,
J. Fairweather,
Ancien Sergent Black Watch.

Box 30, Dowerin, W.A.,
13 juin 1927.

Messieurs A. Trouchet & Fils,
Forrest Place,
Perth.

Chers Messieurs,

Réf. Votre lettre concernant les graines électrisées que vous m'avez envoyées après les avoir mises sous l'influence du procédé d'électroculture.

Je suis ravi de vous dire que je suis très satisfait des résultats. Les graines ont bien pris : toutes ont dû germer. Elles sont maintenant repiquées, et poussent bien.

Bien à vous,
E. E. McHugh.
Doodlakine, W.A.
16 juin 1927.

De l'avoine récolté en 1922 dans un champ sans engrais et sans irrigation, mais influencé par l'appareil d'électroculture.

22 Molloy Street, Bunbury, W.A.,
23 mai 1927.

M. Trouchet,
Padbury's Buildings,
Perth.

Cher Monsieur,

Votre lettre datant de quelques jours concernant notre procédé d'électroculture. Tout d'abord, je dois vous dire que Mme Illingsworth est partie pour un long voyage en Europe en avril dernier, et je pense qu'elle sera en Angleterre aux environs de mi-juin. Elle ne pense pas rentrer avant un an.

En ce qui concerne les machines que nous avons, je pense qu'elles sont merveilleuses, car nous n'avons utilisé aucun engrais, et nos légumes sont justes fantastiques, ainsi que les dahlias. La saveur des pois et des haricots était juste délicieuse, ainsi que celle des salades. Nous avons également obtenu beaucoup de pastèques et de melons.

Nous consommons aujourd'hui des carottes qui ont été plantées il y a environ neuf semaines, alors on ne peut pas s'en plaindre.

Vous remerciant,

Bien à vous,
L. Illingsworth,
Par Melle Higgie.

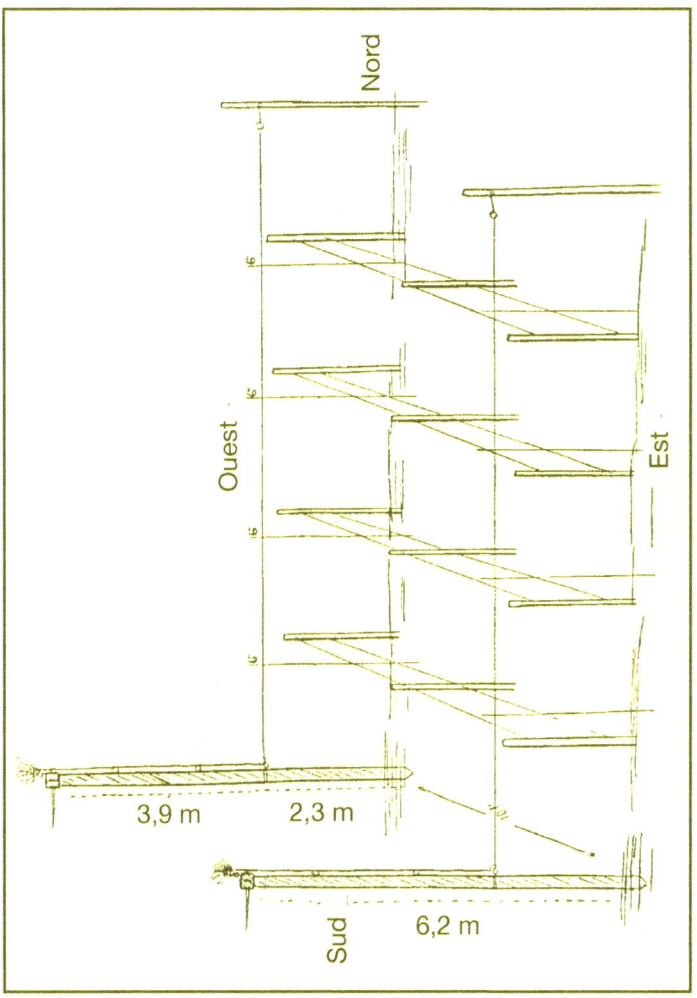

Méthode pour fixer les vignes qui s'étendent d'est en ouest. Page 23.

Perth, W.A.,
25 mars 1927.

Messieurs A. Trouchet & Fils,
Perth.

Réf. Électroculture.

Chers Messieurs,

En ce qui concerne des expériences que j'ai réalisées dans mon verger du Mont Barker, je suis ravi de dire qu'elles ont été très satisfaisantes. J'ai dressé l'appareil et installé le fil sous terre, à une profondeur de 38 cm, à travers le verger, sur 200 m, et ensuite à travers deux petits enclos, sur 160 m, dans le but d'expérimenter avec des cultures autres que des pommes.

J'ai érigé l'appareil le 10 novembre 1926, et le 26 du mois, j'ai planté des parcelles de haricots Canadian Wonder et de pois Yorkshire Hero le long du fil, ainsi que des parcelles témoins à 6,25 m d'un côté du fil, leur donnant la même quantité d'engrais, à savoir, six parts de Super, une part de nitrate de sodium, et une part de potasse.

Dix semaines après la plantation, j'ai prélevé des échantillons sur les haricots, et le résultat fut que les haricots sur le fil ont produit des rendements six fois supérieurs à ceux des parcelles témoins qui contenaient le même nombre de plants. Les pois ont également produit plus du double. Dans les deux cas, c'était dû à une maturité précoce. L'influence de l'électroculture sur les pommes était très marquée. Les pommes Jonathan et les pommes Cléopâtre étant en avance de deux bonnes semaines par rapport aux arbres des rangées adjacentes.

Ayant vendu mon verger à M. T. Hawley en février, j'ai eu seulement trois mois pour mener à bien ces expériences, mais de ce que j'ai vu, je suis tout à fait convaincu que l'électroculture sera bénéfique pour toutes les cultures.

Ce que je voulais vraiment tester était si l'appareil allait soigner la maladie des tâches amères chez les pommes Cléopâtre ; malheureusement, je suis parti avant qu'elles atteignent leur maturité et n'ai pas eu l'occasion de voir le résultat final. Cependant, l'année prochaine serait le meilleur moment pour tester cela, et j'espère que M. Hawley et M. Young garderont l'œil ouvert pour moi.

Dès que je suis de nouveau installé, je serai ravi de mener des expériences pour vous, grâce auxquelles vous aurez l'opportunité de voir les appareils minutieusement testés.

        Je suis, bien à vous,

                C. J. Van Zuilecom.

Iolanthe Street,
Bassendean, W.A.,
9 juin 1927.

Messieurs A. Trouchet & Fils,
Forrest Place,
Perth.

Chers Messieurs,

Réf. votre lettre du 7 juin.

Trois ensembles de graines de tomates ont été semés, dont deux environ quinze jours avant celles qui ont été traitées par vous.

Les graines électrisées ont bien mieux poussé que les autres, et étaient les seules à résister aux gelées des deux dernières nuits.

Je vous ferai savoir plus tard quelle récolte j'aurai obtenue de celles-ci, et lorsque je serai en mesure de le faire, j'achèterai l'un de vos appareils.

Bien à vous,

D. Gordon.

Hack Street,
Gosnells
23 février 1927.

À Messieurs A. Trouchet & Fils,
Perth.

Réf. l'électroculture.

Chers Messieurs,

Vous pourriez être intéressé de savoir que l'appareil d'électroculture, installé par mon fils, semble bien fonctionner. L'hiver dernier ayant été exceptionnellement humide, la pousse des plantes de toutes sortes a naturellement souffert, particulièrement dans les sols détrempés. Les agrumes et autres plantes, sous l'influence de l'appareil d'électroculture, ont semblé mieux supporter l'humidité que ceux qui n'étaient pas dans son aire d'influence. Les plants de tomates vont exceptionnellement bien.

Pour obtenir des résultats plus rapides, je pense que le fil devrait être plus proche de la surface (et non pas à près de 60 cm de profondeur), comme le sont les nôtres.

Les poteaux verts de jarrah ont tendance à se tourner vers le soleil, mais pas suffisamment pour faire une différence notable.

Votre représentant, M. Wood, et d'autres, l'ont constaté, et ont pu comparer les différences à une période particulièrement défavorable.

À présent, nous n'avons pas grand chose en culture, car mon fils est occupé dans d'autres directions et n'a pas le temps de terminer les quelques changements dans notre jardin qui nous permettraient de profiter de tous les avantages de l'appareil d'électroculture.

Bien à vous,

Chas. H. Stagg.

P.S. : Pour confirmer les énoncés plus haut, mes mandarines vendues au marché à la dernière saison ont obtenu 14 shillings par caisse, contre les prix publiés dans le *West Australian*, à savoir de l'ordre de 11 shillings.

C.H.S.

Témoin de cette déclaration,
le 23 février 1927.
W. F. Guppy, J.P.,
Président de l'association des juges d'Australie-occidentale.

Hack Street,
Gosnells,
24 février 1927.

À Messieurs A. Trouchet & Fils,
Perth.

Chers Messieurs,

Dans une déclaration précédente, j'ai suggéré que les cultures de surface bénéficieraient mieux des effets de l'appareil si le fil était placé plus près de la surface. L'expérience qui suivit, en faisant pousser des pois, des haricots, de la salade et des tomates, donna des résultats particulièrement bons pendant la période la plus sèche.

L'observation justifie l'énoncé précédent, et plus particulièrement sans l'application d'arrosage artificiel.

Bien à vous,
Chas. H. Stagg.

Témoin de cette déclaration,
le 24 février 1927.
W. F. Guppy, J.P.,
Président de l'association des juges d'Australie-occidentale.

« Marbro », New Norcia, W.A.,
13 juin 1927.

Messieurs A. Trouchet & Fils,
Forrest Place,
Perth.

Chers Messieurs,

En réponse à votre lettre du 16 mai, les graines que vous avez électrisées pour moi il y a peu de temps ont donné de bons résultats jusqu'à présent.

J'ai eu la malchance de perdre la plupart de ces graines, car elles ont été déterrées par les poules. Celles qui restent semblent pousser merveilleusement, car elles ont presque toutes germé.

Quelques-unes des graines ont donné de mauvais résultats l'année dernière, mais depuis qu'elles ont été électrisées, elles ont germé et se sont rapidement développées, bien que le sol ne fût pas optimal.

Bien à vous,

H. Halligan

Devon Road,
Bassendean, W.A.,
5 janvier 1927.

Messieurs A. Trouchet & Fils,
Padbury's Buildings,
Perth.

Chers Messieurs,

Je vous ai acheté un appareil d'électroculture en novembre dernier pour tenter une incubation d'œufs. Vous m'avez conseillé que la machine soit inactive pendant deux ou trois mois avant d'être opérationnelle. Je trouvais qu'il était trop tard pour avoir une poule couveuse. J'en avais une qui s'entêtait à couver dans un endroit avec peu voire aucune ombre jusqu'à ce qu'elle devienne malade.

L'appareil était installé depuis trois semaines, alors je l'ai essayé ; les poulets étaient prévus, selon votre livret, pour dimanche soir à 10 h 30. Lundi matin, nous ouvrîmes un œuf et trouvâmes un poussin à l'intérieur ; mardi après-midi, les poussins étaient sortis et en bonne santé. J'ai essayé les trois derniers, mais ils n'étaient pas fertilisés. Les poussins sont résistants malgré le temps chaud, et la poule a bien récupéré sans requérir d'attention particulière. Ils sont arrivés un jour et demi plus tôt que la normale, qui aurait été mercredi soir ou jeudi matin. Je considère ce résultat comme très satisfaisant, et j'espère obtenir les résultats les plus complets à la bonne saison.

Je vous informe que j'ai érigé cet appareil près d'un figuier qui, les deux dernières années, a perdu ses feuilles pendant le mûrissement des fruits ; je garde désormais l'œil ouvert.

Espérant que cela vous intéressera,
Bien à vous,
Thos. A. Wood.

Témoin de cette déclaration,
le 17 janvier 1927.
W. F. Guppy, J.P.,
Président de l'association des juges d'Australie-occidentale.

Messieurs A. Trouchet & Fils,
Forrest Place, Perth.

Chers Messieurs,

J'ai grand plaisir à répondre à votre lettre du 7 mai concernant mes graines électrisées. Elles poussent parfaitement bien. Elles sont meilleures que toutes les graines de fleurs que j'ai plantées auparavant.

En principe, j'ai du mal à faire pousser mes semences de fleurs, mais celles-ci sont sorties très vite, et se développe rapidement depuis.

Bien à vous,
M. Cuolahan.

Brunswick Junction, W.A.,
30 mai 1927.

Messieurs A. Trouchet & Fils,
Perth.

Chers Messieurs,

Mes expériences faites avec votre machine d'électroculture ont montré que le blé et l'avoine étaient 75 % meilleurs que ceux des parcelles non-traitées ; et le maïs et le millet sont améliorés de la même façon. D'autres plantes étaient plutôt égales, mais l'on doit prendre en considération le fait que les parcelles n'ont pas bénéficié du travail pour produire de bonnes récoltes pendant l'été chaud et sec de ce pays.

Bien à vous,
O. A. Titley.

Rapports sur les résultats obtenus sur la propriété de M. Burgess, cultivateur de bananes, Gympie Road, Aspley, Queensland

Nous avons rendu visite à M. Burgess le 4 janvier. Son installation fonctionne depuis exactement deux mois. M. Burgess est extrêmement catégorique sur les très bons résultats obtenus, même à ce jour.

Il nous fit d'abord remarquer une petite parcelle de terre très pauvre, qui avait été accumulée sur les déchets d'une tannerie. C'est la première année, sur quatre ans, que l'herbe pousse sur cette petite parcelle de terre.

Juste après que l'appareil a été installé, et alors que le temps était extrêmement sec, M. Burgess, comme expérience, repiqua dix-huit plants de tomates qui étaient complètement infestés par la rouille, plantant au même moment des plants témoins hors de la zone électrisée. La rouille détruisit finalement les plants témoins. Dans la bande de terre électrisée, cependant, les tiges principales pourrirent des ravages de la rouille, mais de jeunes racines naquirent de la tige, et sont désormais devenues des plants vigoureux et en bon état. M. Burgess affirme que ce résultat est stupéfiant, et il ne se souvient pas d'un plant ayant déjà réussi à se rétablir après avoir été infecté par cette maladie.

Melons et concombres. — M. Burgess trouva que les melons et les concombres germaient dans les bandes électrisées entre quatre et cinq jours. Dans une parcelle témoin plus éloignée, il fallut quatorze jours aux graines de melon et de concombre pour germer. M. Burgess déclare que, autant qu'il sache, toutes les graines de la zone électrisée germèrent, alors que dans la parcelle témoin, le pourcentage de germination était faible. Il fit remarquer le développement beaucoup plus important et vigoureux dans les bandes électrisées.

Bananes. — M. Burgess est un cultivateur de bananes avec de nombreuses années d'expérience ; c'est également un cultivateur très méthodique. Dans les champs électrisés, il a des pieds de première, deuxième et troisième année, et, pour chaque pied, il est capable de montrer une accélération très marquée du développement. Il maintient que, dans tous les cas, ce sont des pieds en bien meilleure santé. M. Burgess est déjà convaincu que ses bananes de deuxième année dans la bande électrisée apporteront de bonnes récoltes, alors que dans le sol qu'il travaille, il ne peut, pour l'instant, rien observer de ses pieds de deuxième année. Il remarqua en particulier deux pieds très maladifs qui, en des circonstances ordinaires, auraient été arrachés par le cultivateur, et qui pourtant, dans la bande électrisée, se sont remarquablement développés, et sur une période de deux mois, sont passés de l'état de pieds maladifs à celui de pieds beaux, robustes et en bon état.

Il avait commencé en étant sceptique, mais il est désormais convaincu des résultats de l'électroculture. Il a passé une commande pour vingt-quatre machines de plus, devant être livrées au rythme de deux par mois. Il affirme que, quand il les aura reçu, s'il le peut, il va essayer d'en ajouter jusqu'à ce qu'il parvienne à électriser toute sa propriété.

Document commercial

Prix de l'appareil : 6 £.
Emballé gratuitement sur Rail Perth.
Paiement à la commande

ÉLECTROCULTURE
Elle fait tout pousser sans fil

RENTABLE !
ÉCONOMIQUE !

Un nouveau progrès scientifique
appliqué aux végétaux

Grâce auquel :

1. Les récoltes de grains, fruits, etc., sont augmentées de 100 à 200 %, et plus.

2. L'utilisation et la dépense d'engrais sont éliminées.

3. Les fruits et légumes sont meilleurs, plus savoureux et plus gros.

4. Les raisins sont plus sucrés, contiennent plus d'alcool, le froid n'affecte pas leur développement, le soufrage des vignes n'est pas nécessaire. Plus de peur du mildiou, du phylloxéra, de l'oïdium, etc.

5. Les parasites, les maladies et les insectes sont détruits.

6. Les vieux arbres fruitiers sont régénérés et rendus de nouveau aptes à porter des fruits.

7. Les ovins et les bovins se portent mieux lorsqu'ils sont nourris par des fourrages électrisés.

8. Les travaux manuels sont réduits.

9. Les cultures sont fortement accélérées, et vos produits seront vendus plus tôt sur les marchés.

10. L'électroculture est particulièrement adaptée dans les régions frappées par la sécheresse.

11. L'électroculture fournit de l'humidité au sol et élimine donc le besoin de pluie comme il élimine le besoin d'engrais.

N.B.– L'appareil produit sa propre électricité gratuitement. Aucune batterie requise.

Alex. Trouchet & Son
1a Padbury 's Buildings, Forest Place,
Perth, Western Australia.

Représentants exclusifs pour l'Australie, la Nouvelle-Zélande, Java, les Établissements des détroits, les États malais fédérés, le Siam, l'Inde, Ceylan, Sumatra, la Birmanie, Démérara et l'Afrique du Sud.

Annexe

L'Intransigeant, 1ᵉʳ février 1925

Va-t-on laisser passer en Allemagne une invention française ?

Le *Reich* offre dix millions à M. Christofleau
pour son brevet

Je suis retourné, hier, voir Justin Christofleau, ce vieil inventeur dont nous avons parlé, au moment du procès Seznec. On se rappelle qu'une lettre anonyme, envoyée au parquet de Rambouillet, prétendait que le cadavre de Quemeneur était enfoui dans sa propriété, à la Queue-les-Yvelines.

On ne trouva pas le corps de Quemeneur, mais les journalistes présents aux recherches furent intéressés par l'invention de Christofleau, apôtre méconnu de l'électroculture.

Hier donc, il nous invitait par pneumatique à retourner le voir. « Venez de suite, coûte que coûte, venez, disait-il, j'ai des choses fantastiques à vous apprendre. »

Dès mon arrivée, l'inventeur s'explique :

– Je suis, me dit-il, découragé par l'indifférence des pouvoirs publics de mon pays.

« Le directeur de l'École d'agriculture de Grignon vient de m'envoyer un rapport déclarant que les expériences tentées avec mes appareils ont donné des résultats complètement nuls, et le ministère de l'Agriculture se retranche derrière ce rapport pour se désintéresser de mon invention, mais M. Queuille ignore peut-être que le professeur chargé de ces expériences est directeur d'une importante société d'engrais chimiques ! Ce rapport est, d'ailleurs, en contradiction avec un autre rapport de l'Institut agronomique de Metz, dont un professeur affirme avoir obtenu, par exemple, avec des haricots, une récolte triple de la normale.

L'offre de l'Allemagne

Les Allemands, eux, ont bien compris l'intérêt de cette invention. Justin Christofleau nous a montré des lettres lui offrant jusqu'à dix millions pour la cession du brevet de son invention, lui annonçant la création du 2 février 1925, d'une chaire d'électroculture à l'Institut agricole de Berlin, où on lui offre de faire des conférences, l'invitant à venir s'entretenir avec le ministre de l'Agriculture allemand.

Trente-cinq usines sont prêtes à fabriquer, de l'autre côté du Rhin, 100 appareils par jour.

...et de l'Amérique

Aux États-Unis, des articles parus dans le *New York Herald*, le *Popular Science Monthly* ont éveillé l'attention des industriels américains, qui, à coups de dollars, cherchent, eux aussi, à obtenir le brevet de l'invention.

En Belgique, le brevet a été vendu, après que le syndicat d'électroculture belge eût fait un an d'essais. M. Martens, membre du Conseil supérieur de l'Agriculture de Belgique a pris l'affaire en mains et s'émerveille des résultats obtenus.

En Suisse, une société, l'Electro-Terro A. G., fabrique 300 appareils par mois. Là aussi, on cherche à acheter le brevet.

Justin Christofleau est tout surpris du succès de son invention à l'étranger, où, à l'heure actuelle, plus de 150 000 appareils sont en service, répartis entre l'Angleterre, l'Amérique, l'Allemagne, la Suisse, l'Italie, le Danemark, la Suède, le Canada.

En France, il n'y en a guère que 7 à 8 000, mais les usagers s'en déclarent satisfaits.

– Que faire, nous dit-il. Je suis patriote mais ces propositions sont tentantes !

Pierre Causse

www.ingramcontent.com/pod-product-compliance
Lightning Source LLC
LaVergne TN
LVHW041710060526
838201LV00043B/667